# 实验室
# 质量管理体系手册
## Laboratory Quality Management System **Handbook**

主译：葛红卫　王　迅　郑优荣

中华医学电子音像出版社
CHINESE MEDICAL MULTIMEDIA PRESS

北　京

图书在版编目（CIP）数据

实验室质量管理体系手册 / 世界卫生组织主编；葛红卫，王迅，郑优荣译.—北京：中华医学电子音像出版社，2021.11
ISBN 978-7-83005-364-2

Ⅰ.①实… Ⅱ.①世… ②葛… ③王… ④郑… Ⅲ.①实验室管理－质量管理－手册 Ⅳ.①N33-62

中国版本图书馆CIP数据核字（2021）第208199号

北京市版权局著作权合同登记章图字：01-2021-5750号

世界卫生组织2011年发布
出版物名称：Laboratory Quality Management System: Handbook, Version1.1
©世界卫生组织2011

世界卫生组织已向上海市血液中心授予中文译本的翻译和出版许可，上海市血液中心仅对中文译本的质量和真实性负责。中文版与英文原版如有任何出入和歧义，以英文原版为准。

实验室质量管理体系手册
©上海市血液中心2021

**实验室质量管理体系手册**
SHIYANSHI ZHILIANG GUANLI TIXI SHOUCE

主　　译：葛红卫　王　迅　郑优荣
策划编辑：鲁　静
责任编辑：赵文羽
校　　对：龚利霞
责任印刷：李振坤
出版发行：中华医学电子音像出版社
通信地址：北京市西城区东河沿街69号中华医学会610室
邮　　编：100052
E-Mail：cma-cmc@cma.org.cn
购书热线：010-51322677
经　　销：新华书店
印　　刷：廊坊市祥丰印刷有限公司
开　　本：850mm×1168mm　1/32
印　　张：9.375
字　　数：277千字
版　　次：2021年11月第1版　2021年11月第1次印刷
定　　价：68.00元

# 译者名单

主　审　付涌水（广州血液中心）

主　译　葛红卫（北京市红十字血液中心）

　　　　王　迅（上海市血液中心）

　　　　郑优荣（广州血液中心）

译　者　（以姓氏笔画为序）

　　　　王　迅（上海市血液中心）

　　　　王　淏（广州血液中心）

　　　　王　瑞（北京市红十字血液中心）

　　　　刘　鸿（上海市血液中心）

　　　　杜荣松（广州血液中心）

　　　　郑优荣（广州血液中心）

　　　　秦倩倩（北京市红十字血液中心）

　　　　葛红卫（北京市红十字血液中心）

审　校　（以姓氏笔画为序）

　　　　王　迅（上海市血液中心）

　　　　周国平（上海市血液中心）

　　　　郑优荣（广州血液中心）

　　　　徐　蓓（上海市血液中心）

　　　　葛红卫（北京市红十字血液中心）

支　持　中国输血协会

# 序 言

  长期以来，世界卫生组织（World Health Organization，WHO）始终致力于促进成员国卫生健康领域的发展，改善并提升各国卫生健康体系的安全性和可及性。推进各成员国在卫生健康领域的发展与国际社会经济发展相同步，与自身国家法规和标准相协调。为提升各成员国血液安全水平，21世纪初，WHO向各成员国推荐了血液安全一体化战略，其中确保血液安全的最重要的策略是对所有血液进行输血相关传染病标志物、血型和血液兼容性的实验室检测，以最大限度预防输血相关传染病，使患者获得相合并安全的血液。因此，血站血液检测是预防输血相关传染病的关键环节。血液检测实验室质量管理水平直接影响着检测结果的准确性、及时性、有效性和血液安全性。尤其是近年来随着世界范围内人们生活方式的多元化、广泛的地域交流，以及新发、再发传染病对人类的威胁，血液安全面临新的风险。WHO于2020年发布了《2020—2023促进安全、有效和质量保证的血液制品普遍可及的行动框架》，该行动框架不仅分析了当前保障血液安全性和普遍可及性所面临的瓶颈和挑战，还列出了WHO今后3年的工作重点，并推荐了完成这些工作所需参考的标准、指南和实用工具。《实验室质量管理体系手册》（2014年1.1版本，以下简称本手册）就是WHO为成员国健康保健领域实验室包括输血服务机构血液检测实验室，在构建实验室质量管理体系的过程中提供的系统性、实用性极强的质量管理工具书。

  实验室质量管理是实现健康保健领域实验室，特别是医学实验室质量目标的根本路径。21世纪初，实验室管理学开始在医学实验室得以广泛应用。随着我国对外开放的深入和科学技术水平的提高，实验室技术和管理也进入了快速发展阶段。实验室在引入先进的检测技术和方法的同时，意识到质量管理的重要性。接受健康服务的公众和实验室自身对质量管理的需求日益凸显。早在2003年国际标准化组织（the International Organization for Standardization，ISO）针对医学实验室特点，颁布了ISO 15189：2003医学实验室——质量和能力的特别要求。同时美国临床实验室标准协会（the Clinical and Laboratory Standards Institute，CLSI）颁布了CLSI/国家临床实验室标准委员会（National Committee for Clinical Laboratory Standards，NCCLS）HS1-A2卫生保健质量管理体系模型批准指南（第2版）。还有许多国家也逐步建立了适用于本国实验室的国家实验室质量标准。这些国际公认的医学实验室质量管理标准为我国医学实验室质量管理体系建设提供了很好的参考和借鉴。

以预防输血相关传染病为目的的血站血液检测实验室是医学实验室的一个分支。我国血站实验室自2001年开始引入并推行系统化质量管理体系。同年为推进WHO血液安全战略在中国的实施，原国家卫生部与WHO合作，引入WHO血液安全质量管理项目，第一次将系统化的质量管理理念和实践全面引入我国的血站行业。从2002年到2010年，相继实施了全国血站行业的全员质量管理培训，颁布了与ISO 9000和ISO 15189等国际标准相适应的《血站管理办法》《血站质量管理规范》《血站实验室质量管理规范》（以下简称为"一法两规"），依据"一法两规"实施了血站行业技术核查。以上实践对促进中国血站行业高质量发展，特别是提升血站血液检测实验室的检测能力和质量管理水平，起到了巨大的推动作用。目前，血站血液检测实验室以"一法两规"为准则，普遍建立了覆盖血液检测全过程的质量管理体系。近年来，随着血站技术和管理人员的更新换代，大批具有较高学历和专业能力的技术人员进入血站实验室，新进人员对于实验室质量管理的基本理论、基础知识和基本技能较为缺乏。如何保持血站血液检测实验室从业人员对质量管理的正确理解和熟练运用，是实验室质量体系稳定运行的关键。为了强化血站血液检测实验室人员质量管理基本理论和基本技能，在国家卫生健康标准委员会血液标准专业委员会和中国输血协会的推荐下，在中国输血协会的大力协助下，2020年中国输血协会输血传播疾病专业委员会组织血站行业实验室专家，将WHO《实验室质量管理体系手册》翻译成中文版，其目的是为我国血站实验室从业人员提供一个具有国际性和权威性的系统介绍健康保健实验室质量管理理论和方法的读本。为培训实验室人员、学习实验室质量管理方法，以及评估实验室质量体系运行状况提供一个可用工具。

本手册是WHO为成员国健康保健领域实验室在构建实验室质量管理体系的过程中，提供的系统性、实用性极强的质量管理工具书。由WHO国家流行病防治应对里昂办事处、美国疾病控制与预防中心（Centers for Disease Control and Prevention，CDC）和CLSI合作编写，以WHO在超过25个国家的培训课程及CLSI提出的针对诊断实验室实施ISO 15189的指导方针为基础完成。内容涵盖了公共卫生或临床医学实验室质量管理必不可少的12个管理要素。详细阐述了各个质量管理体系要素的定义、在质量体系中的作用，以及管理方法和路径，是实验室构建质量管理体系的必备工具书，具有长期的、很高的参考价值和实用价值。

本手册由来自北京市红十字血液中心、上海市血液中心和广州血液中心的实验室专家联合翻译并审校，在此对诸位译者的辛勤劳动和译者所在单位的大力支持表示感谢！由于水平有限，本手册在翻译和审校过程中难免存在一些瑕疵和不足，欢迎业内同行提出意见和建议，以利于我们后期进行补充和完善。本手册由上海市血液中心/世界卫生组织输血合作中心向WHO申请中文版授权。特此感谢！

付涌水

中国输血协会输血传播疾病专业委员会

主任委员

2021年9月

# 原著前言

实现、保持和提高检测结果的准确性、及时性和可靠性等是医疗卫生实验室面临的主要挑战。世界各国一旦决定参与国际卫生法规实施过程，就需要承诺加强自己国家层面发现和应对国际公共卫生事件的能力建设。

医疗卫生实验室只有实施完善的质量管理，才能在全球紧急状况下产生国际社会信任的检测结果。

本手册旨在为医疗卫生实验室管理、行政及实验室的所有利益相关方，提供实验室质量管理体系的全面参考。

本手册以ISO 15189和CLSI GP26-A3文件为基础，涵盖了公共卫生或临床实验室质量管理必不可少的管理主题。

每个主题独立成章，分类阐述。CLSI建立了各个章节的框架并组成了"质量体系12要素"，12要素框架图如下所示。

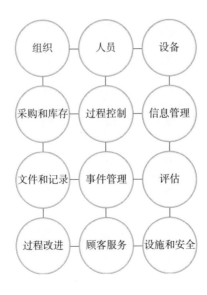

注意：

　　本手册中的医疗卫生实验室是一个广义的术语，包括临床实验室、诊断实验室、医学实验室、公共卫生机构实验室、动物和环境卫生实验室或任何其他以疾病诊断、筛查、预防、医疗决策、监控或公共卫生为目的的检测实验室。所有这些实验室术语经常互换使用，同样，本手册中这些术语也可以互换使用。

## 关键词

　　实验室质量管理体系·实验室质量·实验室质量体系·实验室信息管理，实验室信息体系·实验室文件和记录·实验室质量手册·质量控制·实验室设施和安全·实验室设备·实验室样本管理·实验室样本运输·实验室采购和库存·实验室评估·实验室顾客服务·事件管理·过程改进·质量要素·实验室过程控制·临床实验室·ISO 15189

# 原著致谢

本手册由世界卫生组织国家流行病防治和应对里昂办事处、美国疾病控制与预防中心（Centers for Disease Control and Prevention，CDC）的实验室部和临床实验室标准研究所（the Clinical and Laboratory Standards Institute，CLSI）合作编写。它是以CDC和WHO在超过25个国家的培训课程、培训单元，以及由CLSI提出的针对诊断实验室实施ISO 15189的指导方针为基础完成的。

世界卫生组织、美国疾病控制与预防中心和临床实验室标准研究所感谢所有为制定和审阅培训材料作出贡献的专家，具体如下：

**Adilya Albetkova**
**Robin Barteluk**
**Anouk Berger**
**Sébastien Cognat**
**Carlyn Collins**
**Philippe Dubois**
**Christelle Estran**
**Glen Fine**
**Sharon Granade**
**Stacy Howard**
**Devery Howerton**
**Kazunobu Kojima**
**Xin Liu**
**Jennifer McGeary**
**Robert Martin**
**Sylvio Menna**
**Michael Noble**
**Antoine Pierson**
**Anne Pollock**
**Mark Rayfield**
**John Ridderhof**
**Eunice Rosner**
**Joanna Zwetyenga**

# 目　　录

# 第1章

## 质量介绍

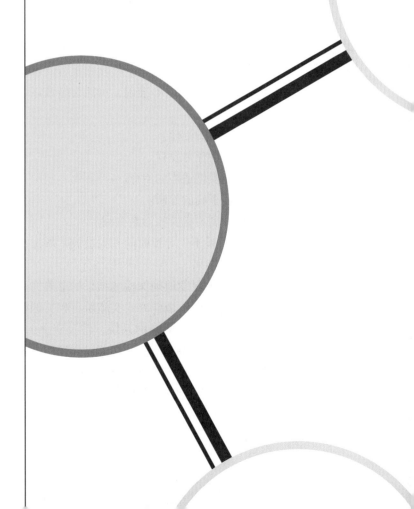

## 第1节　实验室质量的重要性

**质量的定义**　　　　实验室质量可以定义为准确、可靠、及时地报告检测结果。实验室必须最大程度确保检测结果的准确性、实验室运营的可靠性、结果报告的及时性，以满足临床或公共卫生机构的使用需要。

**准确性水平**
**的要求**　　　　检测过程中始终存在一定程度的不准确性。由于检测系统的局限性，最大限度降低不准确度是每一个实验室面临的挑战。99%的准确度看似可以接受，但在多任务的检测实验室体系中，1%的结果误差可能会对实验室检测造成很大影响。

**实验室差错**
**的负面影响**　　　　实验室出具的检测结果被广泛应用于临床和公共卫生领域，而治疗疗效依赖于检测和报告的准确性。如果实验室提供的检测结果不准确，可能会导致以下非常严重的后果：

- ·不必要的治疗。
- ·产生治疗并发症。
- ·未能提供适当的治疗。
- ·延迟正确的诊断。
- ·额外和不必要的诊断检测。

这些后果不仅导致时间和人员成本增加，并且会给患者带来不良结果。

**实验室误差**
**的最小化**　　　　为了最大限度地确保检测结果的准确性和可靠性，实验室必须尽可能以最佳方式实施所有相关的检测过程和程序。实验室是一个复杂的系统，涉及众多的活动和人员，系统的复杂性则要求实验室必须以合理的方式执行试验的过程和程序。因此，涵盖整个系统的质量管理体系对实现实验室的良好运行非常重要。

## 第2节 质量管理体系概述

**质量管理体系定义**

质量管理体系可以定义为"在质量方面管理（指挥）和控制组织的协调活动"。该定义也被ISO及CLSI采纳。这2个组织是国际公认的实验室标准化组织。本手册将在后续章节进行论述。

在质量管理体系中，实验室运行的各个方面，包括组织结构、过程和程序，均需要得到有效管理以确保质量。

**实验室过程的复杂性**

实验室的运行包含多个程序和过程，必须正确执行每个步骤以确保检测的准确性和可靠性。实验室持续运行中任何部分的错误都可能导致不良结果。为了确保检测的质量，检测的每个阶段都需要有相应方法以查找可能存在的差错。

ISO标准化组织将实验室过程分类为检验前、检验中和检验后过程。比较而言，目前实验室采用的术语还有分析前、分析中和分析后过程，检测前、检测中和检测后过程。

**工作流程**　　检测工作的整套操作流程被称为工作流程。工作流程始于患者，直至报告发出和结果解释，如下图所示。

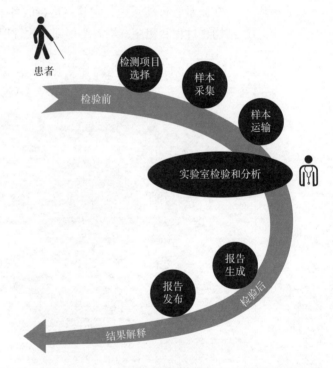

工作流程的概念是质量模型或质量管理体系的关键，是建立质量活动时必须考虑的内容。例如，如果不正确采集和运输样本造成样本损坏和改变，就不能得到可靠的检测结果。一份延迟、丢失或书写不当的医学报告，可使准确的检测结果变得毫无意义。

| **质量管理体系涵盖所有实验室过程** | 由于实验室系统的复杂性，为确保实验室的质量安全，必须要考虑以下因素。<br>· 实验室环境。<br>· 质量控制程序。<br>· 沟通。<br>· 记录的保留。<br>· 具备相关知识和能力的员工。<br>· 优质的试剂和设备。 |

## 第3节  质量管理体系模式

**质量管理体系模式概述**

当实验室的全部过程和程序被构建为一种易于理解和切实可行的结构时，也就增加了实验室合理有效管理的机会。本手册的质量模式将实验室的所有质量活动纳入质量体系12要素当中。这些质量体系要素是一组协调一致的活动，是质量管理的基础。为达到实验室全面质量改进的目的，应重视每个质量要素。这一质量管理体系模式由CLSI建立[1]，并与ISO标准完全兼容[2, 3]。

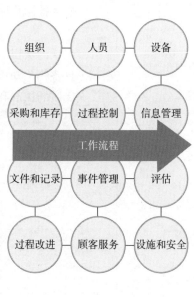

此外，确保整个工作流程准确和可靠的关键在于对质量要素的良好管理。

**组织**

为了获得有效的质量管理体系，制定和实施质量方针，必须建立实验室的组织结构和管理框架，必须有一个强有力的支持性组织结构。同时，管理层的承诺至关重要，并且必须具备相应的实施和监控机制。

**人员**

实验室最重要的资源是富有能力和活力的员工。质量管理体系包含诸多人员管理和监督内容，并提示我们对员工鼓励和激励的重要性。

1 CLSI/NCCLS. *A quality management system model for health care*; approved guideline—second edition, CLSI/NCCLS document HS1-A2. Wayne, PA, NCCLS, 2004.

2 ISO 15189：2007. *Medical laboratories-particular requirements for quality and competence*. Geneva：International Organization for Standardization, 2007.

3 ISO 9001：2000. *Quality management systems-requirements*. Geneva：International Organization for Standardization, 2000.

**设备**　　　实验室使用的仪器设备种类繁多，每台设备必须正常运行。在质量管理体系中，正确选择、安装设备，确保新设备的正常运行，建立设备维护体系都是设备管理程序的重要组成部分。

**采购和库存**　　　实验室中试剂和耗材的管理通常是一项艰巨的任务。恰当的采购和库存管理不仅可以节省成本，还可以确保在需要时有可用的耗材和试剂。作为采购和库存管理的一部分，应设计相关程序以确保所有试剂和耗材质量。试剂和耗材应以正确、可靠的方式使用和存储。

**过程控制**　　　过程控制由多个因素组成，这些因素对于确保实验室检测过程质量至关重要，包括检测的质量控制、合理的样本管理（包括收集和处理），以及方法的验证和确认。

过程控制要素对实验室人员来说是非常熟悉的。质量控制是实验室最先实施的质量实践活动之一，在确保检测准确性方面发挥着至关重要的作用。

**信息管理**　　　实验室的产出是一种信息，主要以检测报告的形式体现。信息（数据）需要进行谨慎的管理以确保其准确性、保密性，同时需要管理实验室工作人员和医疗保健提供者对数据的访问权限。信息可以通过纸质系统或计算机系统进行管理和传递，两者都将在"信息管理"部分中讨论。

**文件和记录**　　　质量体系12要素中多个要素都有所重叠。例如，"文件和记录"与"信息管理"之间就有着紧密的关系。实验室需要用文件来明确操作方法，因此，实验室总是有许多的文件。记录必须精心维护，以确保它的准确性和可获得性。

**事件管理**　　　"事件"是一个错误或不应该发生的情况。需要一个系统来发现这些问题或事件并加以正确处置，从错误中吸取教训，采取行动以防止它们再次发生。

**评估**　　　　评估过程是检查实验室运行状况并将其与标准、标杆或其他实验室运行状况相比较的工具。评估可以是内部的（在实验室内部由自己的员工执行），也可以是外部的（由实验室外部的小组或机构进行）。实验室质量标准是评估过程的重要组成部分，是实验室的基准。

**过程改进**　　　　质量管理体系的首要目标是对实验室过程的持续改进，其改进的过程必须系统进行，有许多工具可用于过程改进。

**顾客服务**　　　　顾客服务的概念在实验室实践中经常被忽略，但必须注意的是，实验室是服务机构。因此，实验室必须了解顾客是谁，必须满足顾客的需求。通过评估他们的需求并及时采纳顾客反馈的信息进行改进。

**设施和安全**　　　　设施和安全质量管理必须包含以下几个方面。

- ·防护：防止不必要的风险和危害进入实验室空间的过程。
- ·控制：旨在最大程度地降低风险，防止危害离开实验室空间并对社区造成伤害。
- ·安全：包括防止伤害工作人员、访客和社区的政策和程序。
- ·人机工程学：解决设施和设备的适应问题，以便在实验室现场提供安全健康的工作条件。

**质量管理体系模式**　　　　在质量管理体系模式中，必须对所有质量体系12个要素实施有效管理，以确保获得准确、可靠和及时的实验室结果，并在整个实验室运行中保持质量。重要的是，实验室可以按照最适合的顺序实施质量体系12要素管理，实施方法可因地制宜。

　　　　没有实施良好质量管理体系的实验室必然会发生差错并存在许多未发现的问题。虽然实施质量管理体系可能无法保证实验室零差错，但它可及时发现差错并防止其再次发生，从而提高实验室的质量水平。

## 第4节 实验室质量管理的历史

**质量管理的定义**

ISO 9000将质量管理定义为"为指导和控制组织的质量所采取的协调活动"。这与质量体系的定义密切相关。质量体系的定义是"实施质量管理所需的组织结构、资源、过程和程序"。今天使用的质量管理概念始于20世纪，主要是制造和车间加工过程的产物。

**主要创立者及其贡献**

质量管理运动的最早概念之一是产品的质量控制。Shewhart在20世纪20年代开发了一种统计过程控制方法，为实验室质量控制程序奠定了基础。质量控制方法直到20世纪40年代才在实验室中得到应用。其他重要的思想家和创立者，包括Arman Feigenbaum、Kaoru Ishikawa和Genichi Taguchi，也贡献了不同的理念。近期Galvin在减少微观误差方面的工作，为实验室管理提供了新的重要方法。

**质量管理并不是新的概念。**

## 第5节　国际实验室标准

**国际实验室标准的必要性**

质量管理的一部分是根据标准或标杆评估、衡量实验室的操作。质量管理的概念要求制定标准，并不断引领行业向前发展。

通过借鉴美国军方为制造和生产仪器设备而制定的系列标准，ISO建立了用于工业制造的质量管理通用标准，即人们熟知的ISO系列标准。

**重要的实验室标准化组织**

**ISO**

ISO 9000系列标准为制造和服务行业的质量管理提供了指南，并可被广泛应用于许多其他类型的组织。ISO 9001：2000包含了一般质量管理体系的要求，并应用于实验室。在ISO的标准中有2个是针对实验室的。

- ISO 15189：2007。医学实验室——质量和能力的特别要求。日内瓦：国际标准化组织，2007年。
- ISO/IEC 17025：2005。检测和校准实验室能力的一般要求。日内瓦：国际标准化组织，2005年。

**CLSI**

另一个重要的实验室国际标准组织是CLSI，前身是NCCLS。CLSI借鉴多个利益相关方的共识来制定标准，并建立了本手册中使用的质量管理体系模型。该模型基于质量体系12要素，并与ISO实验室标准完全兼容。

CLSI有以下2个文件在临床实验室中尤为重要。

- 卫生保健质量管理体系模型批准指南（第2版）。CLSI/NCCLS文件HS1-A2。美国宾夕法尼亚州韦恩市，NCCLS，2004年。
- 实验室质量管理体系模型的应用批准指南（第3版）。CLSI/NCCLS文件GP26-A3。美国宾夕法尼亚州韦恩市，NCCLS，2004年。

**其他标准**

本手册的内容以CLSI质量管理体系模型和ISO 15189标准为基础。

还有许多其他标准组织和实验室标准。有些国家已经建立了适用于国内实验室的国家实验室质量标准。一些实验室标准仅适用于实验室中的特定区域或仅适用于特定检测。WHO已经为某些特定项目和领域建立了标准。

## 第6节 总结

**质量管理**

质量管理不是新事物。80年来，质量管理随着质量理论的建立及创新者的工作实践而不断发展。质量管理既适用于医学实验室，也适用于制造业和工业。

**关键信息**

- 实验室是一个复杂的系统，所有方面都必须正常运行才能实现高质量。
- 实施方法应因地制宜。
- 从容易实现且影响最大处开始改变。
- 分步实施并最终涵盖所有质量要素。

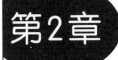

第2章

设施和安全

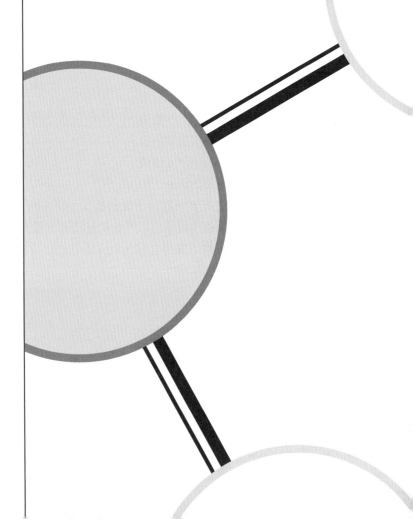

## 第1节  概述

**在质量体系中的作用**

实验室的空间和设施应满足完成工作量的需要，且不影响工作质量，同时能保证实验室工作人员、相关医护人员、患者及社区的安全。

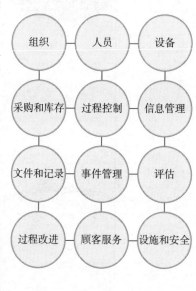

本章将介绍实验室设计和安全性的基本要素，以避免工作人员暴露于物理、化学或生物危害中。

本章主要介绍了中、低危险度的病原体和化学品的安全管理。一般而言，所有诊断实验室的设计和结构都应达到2级或更高的生物安全水平。

**安全的重要性**

实验室安全规划对于保护员工和患者的生命健康、保护实验室设备和设施，以及保护环境非常重要。

忽视实验室安全会付出巨大的代价。实验室事故所产生的次生效应如下。

· 声誉损失。

· 客户流失/收入流失。

· 员工流失。

· 增加成本——诉讼，保险。

**责任**　　确保实验室运行过程的质量和安全是实验室管理者的首要关注点。通常负责实验室设计的建筑师或管理人员对实验室的需求了解较少，这使得实验室管理者的工作变得更加困难。

作为实验室主任，需要做到以下几点。

· 积极参与新实验室设施的设计和规划。

· 评估所有潜在风险，运用组织架构的基本概念，为开展实验室活动（包括为患者提供服务）提供适当和安全的环境。

· 在实验室开展新活动或运用新诊断技术时，应考虑实验室的组织架构。

作为质量负责人（或指定的安全专员），需要做到以下几点。

· 建立全面完整的基本安全规范和组织架构说明，在将新的活动或技术引入实验室时，应确保对人员进行特定职责的培训。

· 在处理中、低风险危险化学品或病原体时，应了解安全及生物安全管理的基本知识。

· 在实验室开展新活动时，应了解如何进行广泛的风险评估。

· 开展实验室安全审核。

作为实验室工作人员，需要做到以下 2 点。

· 了解基本安全规范和过程。

· 在处理有毒化学品、生物样本和物理危害，以及与患者互动时，应了解安全及生物安全管理问题的基本知识。

**实验室中的每个人都要对质量和安全负责。**

## 第2节 实验室设计

**入口**　　在设计实验室或统筹工作流程时，应确保患者和患者样本拥有不同的流通路径。除样本采集区外，流通路径的设计应确保公众和生物材料之间不产生接触。患者登记处的接待台应尽量靠近大门入口。

只有经授权人员（通常是实验室技术人员和维护人员）方可进入样本处理和分析的房间，或者存放危险化学品或其他材料的房间。可以通过门上的标志、上锁或工作人员身份识别等方式来限制出入。

**流通路径**　　为防止或减少交叉污染的风险，改进实验室设计上可能存在的问题，可按照样本在实验室中流通路径（检验前、检验中、检验后）的顺序来进行评估。评估内容包括以下几个方面。

- ·样本采集区：将登记台和样本采集室设置在实验室入口处，可以节省标本交接人员的时间和精力。
- ·样本处理区：在这里，样本根据需要进行离心、分类和分配给不同的检验项目，然后发送到实验室的相应区域进行分析。如果条件允许，样本处理区和检测区应分开，但位置应相近。
- ·从容易实现且影响最大的改变开始。
- ·评估生物样本在实验室不同区域之间的流通路径，以最大程度地减少污染风险。如有可能，干净和污染的实验室材料的流通路径应永不交叉，并且应隔离污染废物的流通路径。
- ·检验后路径：对样本进行分析后，必须准确记录结果、正确归档并及时将其交付给相关人员。实验室设计中应考虑构建适合实验室规模和复杂性的信息系统，以便有效、可靠地传递信息。

为了实现最高效的设计，所有相关服务都应设置在较近的范围内。

## 第3节 地理或空间结构

**活动分配**

在设计实验室工作空间时，应将实验室划分为不同的区域，并赋予不同的门禁权限，以便将患者与生物样本分离开。在样本处理区，应合理规划空间结构以确保实验室能够提供最佳的服务。

为了优化实验室结构，需要注意以下几点。

· 实验室活动区域划分：注意在单个房间中的多组活动。为特定活动划定明确的工作台空间。必须采取措施以防止样本交叉污染。

· 清洁消毒室的位置：清洁消毒室主要用于放置高压灭菌器，清洗玻璃器皿，进行培养基制备和灭菌等操作。清洁消毒室应位于中央区域，这样可最大程度地减少距离，便于试验材料、样本和其他物料的流通。应指定一位工作人员负责监督清洁消毒室的清洁和维护。

· 有特定要求的活动，包括：

-分子生物学：需要在至少2个房间的单独空间中进行操作，确保DNA提取物的制备和后续试验（试剂混合物的制备和DNA扩增）的操作不在同一房间中进行。

-荧光显微镜：要求房间黑暗，并且有适当的通风，该房间不得用于储存物料和其他化学品。

-用于DNA凝胶照相的紫外线照明系统：需要一个暗室和适当的护眼设备。

**设备的空间准备**

在设计实验室空间布局时，实验室管理者和安全负责人必须考虑设备的特殊需求。需要考虑以下几个问题。

· 设备的进出和维护：确保设备的进出没有物理空间的限制，例如，门和电梯的尺寸过小可能对新设备的交付及维护造成影响。

- 电源供应：应考虑为关键设备提供稳定的电源供应，同时在实验室主电源断电时，需要有备用电源或应急发电机为其供电。
- 设备相关液体的处理：实验室设备和操作所产生的液体试剂、液体副产物和废液的处理是实验室需要关注的重大问题。在实验室中放置设备时应考虑废液的处理途径。应了解并遵守当地和国家关于废液处理的要求，应防止病原体或有毒化学物质污染社区的污水系统。

## 第 4 节　实验室场所和房间的物理设计因素

**设施**　　实验室设计需采用主动通风系统，始终保持适当通风，并为人员、实验室拉车和手推车的通行提供足够的空间。

实验室的房间应有足够的高度并确保适当的通风。墙壁和天花板应涂上可清洗的、光亮的油漆，或用方便清洁和消毒的材料进行覆盖。地板也必须易于清洁和消毒。墙壁和地板之间应没有缝隙。

**工作台**　　实验室工作台应由耐用且易于消毒的材料制成。如果实验室的预算允许，最好使用瓷砖，因为瓷砖易于清洁并且可以抵抗强力消毒剂和清洁产品的腐蚀。但是，要注意瓷砖之间的水泥有时会留存污染性微生物，因此，必须定期进行消毒。

不应使用木材，因为木材不易于清洁或消毒，木材长期反复暴露于消毒剂和清洁剂中会使其变质。此外，木材在潮湿或损坏时也会促进污染性微生物的生长。

使用钢作为工作台材料的缺点是钢在用含氯消毒剂清洁时容易生锈。

建议根据不同的工作内容来分配工作台。应为工作台上放置设备留出足够的空间。同时应留出足够的空间放置标准操作规程（standard operating procedure，SOP）及其他检测辅助工具。在进行微生物检测的区域，应根据所检测样本或病原体的不同将工作台分开，以最大程度减少交叉污染的风险。

**清洁**　　对实验室的所有区域进行定期清洁和维护非常重要。以下区域需要注意每日清洁。

· 工作台：在完成检测后，以及任何样本或试剂溢出时，需要清洁和消毒工作台。通常由承担检测的技术人员进行该操作。

· 地板：除非特殊规定，只能由技术人员在每天工作结束时对地板进行消毒。除此之外，通常由清洁人员对地板进行清洁。

应根据实验室条件，安排每周或每个月对实验室的其他区域进行清洁。例如，天花板和墙壁可要求每周清洁1次，而冰箱和储藏区等区域可要求每个月清洁1次。

应记录实验室各区域的清洁和消毒情况，包括维护日期和人员姓名。

## 第5节　安全管理计划

**制订实验室安全计划**

通常，实验室安全负责人负责制订实验室安全计划，组织实施合理的安全措施。在较小的实验室，可能由实验室管理者或质量负责人负责实验室的安全管理。实验室安全管理计划的设计步骤包括如下内容。

· 编写实验室安全手册，为实验室安全和生物安全提供书面文件。
· 组织安全培训和演习，帮助员工了解潜在的危险，以及安全管理措施和安全技术操作。培训应包括普通预防措施、感染控制、化学和辐射安全、如何使用个人防护设备（personal protective equipment，PPE）、如何处置危险废物，以及在紧急情况下的处理措施等内容。
· 建立风险评估过程：风险评估过程应包括初始风险评估，以及实验室运行的安全审查，以发现潜在的安全问题。

**通用安全设备**

实验室安全负责人应确保常规安全和生物安全设备的充足供应，举例如下。

· 个人防护装备。
· 灭火器和灭火毯。
· 适于存放易燃和有毒化学药品的存储柜。
· 洗眼器和紧急淋浴。
· 废物处理用品和设备。
· 急救设备。

**标准安全管理措施**

实验室应制定可遵循的安全政策和相关说明。标准的实验室安全管理措施包括如下内容。

· 实验室进入权限管理。
· 处理传染性或有害物质后、触及动物后、脱下手套之后，以及离开实验室之前要洗手。

- 禁止在工作场所饮食、喝水、吸烟、戴隐形眼镜和使用化妆品。
- 禁止用口移液。
- 在试验过程中，尽可能减少气溶胶或飞溅物的产生。当有可能产生气溶胶或飞溅物时，在使用高浓度或大量感染性试剂时，均应在生物安全柜中操作。
- 为防止吸入有害物质，应使用化学通风橱或其他控制设备以防止蒸气、气体、气溶胶、烟雾、粉尘或粉末等的吸入。
- 根据物品的兼容性适当存储各类化学品。有特殊危险或风险的化学物品的储存量应限制在能够满足短期需求的最小量，并在适当的安全条件下存储（例如，易燃物应储存在易燃物专用存储柜中）。不应将化学物品放置于地板上或化学通风橱中。
- 加强固定压缩气瓶管理。
- 每天对工作台面进行消毒。
- 在使用高压灭菌锅、化学消毒、焚烧或其他批准的方法处理之前，应对所有培养物、原菌株和其他管制废物进行去污处理。
- 实施昆虫及啮齿动物控制措施。
- 在实验室工作时，应使用手套、口罩、护目镜、面罩、防护服等个人防护用品。
- 禁止在实验室工作时穿凉鞋和露趾鞋。
- 根据实验室规定处理化学、生物废物或其他废物。

**安全程序和演习**　　必须定期（每个月和每年）组织消防演练和实验室疏散程序的安全演习。通过安全演习，安全负责人可以向实验室人员强调实验室存在的风险，并共同审查疏散、事件处理和基本安全预防措施的有效性。

**废物管理**　　实验室废物管理是实验室管理的一项重要内容。在处置废物之前，必须以特定方式处理所有潜在有害和危险的物品（包括液体和放射性物品）。应根据废物的性质使用相应的废物容器，并且必须通过不同的颜色进行标识。应特别注意处理损伤性污染废物，例如，尖锐物、针头或破碎的玻璃器皿。利器盒必须放置在工作台上，便于员工使用。

**国际认可的**　　许多提供警告和安全预防措施说明的标签已得到国际
**标签**　　认可。提供这些标签的网站列表可在"参考和资源"版块查询。

## 第6节　风险识别

**实验室的有害环境**

　　实验室工作人员会面临很多风险，风险随不同的实验室活动和检测类型而不同。

　　风险评估是强制性的，它可以帮助实验室主任管理和减少实验室员工面临的风险。安全负责人应协助实验室主任，帮助了解潜在的风险，并采取适当的预防措施。制定安全程序非常重要，程序应包括遇到意外、受伤或污染时的正确处理措施。此外，非常重要的是应记录员工的风险暴露情况、采取的措施，以及为防止将来事件再次发生，应制定的相应的改进措施。

　　下图显示了由霍华德·休斯医学研究所实验室安全办公室进行的实验室工作人员所面临身体风险的研究结果。这项研究仅针对身体风险，但也有许多案例报告了人员暴露和感染的情况。最近有关实验室内感染导致严重急性呼吸道综合征（severe acute respiratory syndrome，SARS）的报告表明，即使在高封闭设备中，风险也从未降低到零。

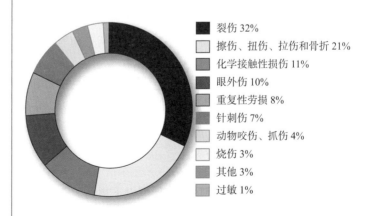

裂伤 32%

擦伤、扭伤、拉伤和骨折 21%

化学接触性损伤 11%

眼外伤 10%

重复性劳损 8%

针刺伤 7%

动物咬伤、抓伤 4%

烧伤 3%

其他 3%

过敏 1%

**物理危害**    实验室设备是对实验室人员造成潜在伤害的重要来源。因此，实验室必须进行有关特定安全程序的培训，例如，高压灭菌器、离心机、压缩气瓶和通风橱等设备的安全培训，以及相关预防措施的培训。如果使用或维护不当，许多实验室仪器都有触电的风险。某些设备可能会发出危险的微波或辐射。

实验室中存储压缩气体需要采取一定的预防措施，这些措施是针对存储压缩气体的特殊容器及其承受的高压而采取的措施。气瓶应被拴在墙上以免掉落。移动或停用气瓶时，必须将安全帽固定在气缸的阀门上。

**针和锐器**    实验室需要妥善处理和弃置针、碎玻璃和其他尖锐物品，以防止污染实验室和伤害实验室清洁维护（保管）人员。正确处置利器的方式如下。

· 避免重新将针插入针套。如果有必要重新插入，正确的做法是操作人员将一只手放在针的后方，用另一只手将针套套到针上。

· 将利器放入防刺、防漏的利器盒中。在容器上标记"利器"。如果利器没有生物危害，请将生物危害标记或符号涂掉。请将容器牢固密封。

实验室玻璃器皿和塑料器皿不作为利器进行处理。实验室玻璃器皿和塑料器皿包括任何可能刺破常规垃圾袋并危及垃圾处理人员的物品。为了确保垃圾在建筑设施内运输过程中的安全，必须将实验室玻璃放在纸板箱中。可以使用硬纸板箱，只要足够坚固且装满后重量不超过40磅（18.14 kg）即可。

被污染的实验室玻璃，在弃置前必须进行合理的消毒处理。

切勿使用纸箱处理以下物品。

· 利器。

·尚未经过高压灭菌的生物危害材料。

·液体废物。

·受化学污染的实验室玻璃器皿或塑料器皿。

·不能作为常规固体废物处理的化学容器。

**化学危害**　暴露于有毒化学物质可对实验室人员健康和安全构成严重的威胁。化学物质进入人体的主要途径有3种。

·吸入：这是使用有机溶剂时的主要进入途径，吸入的气体被人体吸收的速度非常快。

·皮肤吸收：可能导致全身中毒，而皮肤的状况也决定吸收的速率。具有类似风险的化学物品包括有机铅、二甲苯和二氯甲烷等有机溶剂、有机磷酸盐、农药和氰化物等。

·摄入：意外摄入通常是由于不良的卫生习惯（例如，在实验室中进食或吸烟）引起。

为了防止或减少由于接触有毒化学物品而引起的事故，所有化学物品（包括溶液和从其原始容器中转移过来的化学物质）均应标明其通用名称、浓度和危害，还应记录其他信息，例如，收到日期、打开日期和失效日期。

正确存储化学物品至关重要。腐蚀性、有毒和强反应性的化学物品应存放在通风良好的区域，可在室温下点燃的化学物品应存放在易燃品柜中。

放射性化学物品需要采取特殊的预防措施。需要专门的工作台和特定的工作台罩用于操作放射性标记的物质。需要有存储放射性物质的特定区域。应根据放射性物质和废物的化学性质，提供适当的保护（Plexiglas™，铅）和特定的废物容器。

**材料安全数据表**　　化学物品安全技术说明书（material safety data sheet，MSDS）是一种提供各类化学物质详细危害和相应预防措施的技术公告[1]。企业必须向客户提供其生产或销售的所有化学物品的MSDS。实验室需注意MSDS中列出的预防措施，以确保安全存储和使用相应的化学物品。

　　MSDS提供以下信息。

- 产品信息。
- 防火防爆措施。
- 毒理学特征。
- 对健康的影响。
- 推荐的个人防护装备。
- 储存建议。
- 泄漏和洒出时建议采取的措施。
- 废物处置建议。
- 急救。

使用MSDS时应注意以下事项。

- 所有员工在使用危险材料之前均可查看。
- 放置于危险材料附近。

**生物危害**　　在医学实验室中，实验室内获得性感染并非罕见。下表显示了1979—1999年在美国实验室中报告最多的感染[2]。

---

1 ISO 15190：2003. *Medical laboratories—requirements for safety.* Geneva：International Organization for Standardization，2003.
2 Harding AL，Brandt Byers K. Epidemiology of laboratory-associated infections. In：Fleming，DO，Hunt DL，eds. *Biological safety：principles and practices.* Washington，DC，ASM Press，2000，35-54.

| 疾病或病原体 | 病例数 |
|---|---|
| 结核分枝杆菌 | 223 |
| Q热 | 176 |
| 汉坦病毒 | 169 |
| 乙型病毒性肝炎 | 84 |
| 布氏杆菌 | 81 |
| 沙门菌 | 66 |
| 志贺菌属 | 56 |
| 非甲、非乙型病毒性肝炎 | 28 |
| 隐孢子虫 | 27 |
| 总计 | 910 |

| 疾病 | 可能的来源 | 与感染源的最大距离 | 感染例数 |
|---|---|---|---|
| 布鲁菌病 | 离心 | 地下室至3楼 | 94 |
| 球虫病 | 培养传播和固相介质 | 2楼 | 13 |
| 柯萨奇病毒感染 | 有感染性的小鼠组织从试管溢出到地板上 | 约5英尺 | 2 |
| 鼠型斑疹伤寒 | 小鼠鼻内接种 | 约6英尺 | 6 |
| 兔热病 | 20个培养皿掉落 | 70英尺 | 5 |
| 脑炎 | 9支冻干安瓿掉落 | 4个阶梯至3或5楼 | 24 |

　　气溶胶是诊断实验室的主要污染源，气溶胶形态的污染物可以扩散到很远的地方，因此，防护系统的主要目的是阻止实验室内部和外部气溶胶的扩散。仅涉及中等风险病原体的2级防护诊断实验室可采用适当通风方式消除气溶胶的影响。更高防护级别的实验室或工作间必须确保空气持续向内流动，并完全过滤排出的空气，以避免气溶胶扩散到工作区域或整个实验室之外[1]。

1 Reitman M，Wedum AG. Microbiological safety. *Public Health Reports*，1956，71(7): 659-665.

## 第7节　个人防护装备

**基本信息**　　实验室工作人员发生与工作有关感染的主要途径有以下3种。

- ·经皮肤感染。
- ·黏膜与污染物质之间的接触。
- ·意外摄入。

为了减少发生此类事件的风险，员工必须拥有个人防护装备，并对员工进行个人防护装备正确使用方法的培训，使其在实验室工作时习惯性地使用个人防护装备。在生物安全柜以外的地方处理传染性或其他有害物质时，应佩戴合格的护目镜、面罩、防溅罩、口罩或其他眼部和面部防护装置。

**手部防护**　　随时为实验室工作人员提供手套，并保证在任何情况下均戴手套。手套的有效使用取决于以下2种简单的做法。

- ·离开工作区域时脱下手套，以防止污染其他区域，例如，电话、门把手和笔。
- ·切勿重复使用手套。请勿尝试对手套进行清洗或去污，这会使手套产生微裂纹，变得更加多孔并失去其防护性能。使用后，必须将手套丢入污染性废物中。

**面部防护**　　护目镜：在打开患者样本容器时，经常发生液滴外溅。强烈建议使用护目镜保护眼睛，以防止液滴溅入眼睛。

保护眼睛和其他黏膜不被溅到的另一种方法是在屏障（玻璃或Plexiglas™）或面罩后面操作标本管。在操作危险的液体，如液氮或某些溶剂时，此装备的使用则为强制性。

隐形眼镜不提供飞溅防护，戴隐形眼镜时必须采取其他保护眼睛的措施。

口罩：发生泼洒或喷溅时，口罩可作为防护屏障。此外，为了减少实验室工作人员通过呼吸道感染空气中的高危病原体，建议工作人员在样本采集或处理过程中佩戴具有适当过滤功能的防颗粒物口罩（例如，EU FFP2、US NIOSH认证的N95口罩）。

**身体防护**

实验工作服：在2级防护的实验室中，所有情况下都必须穿实验工作服。

实验工作服应避免使用高度易燃的面料。

在3级防护的实验室或在特定情况下（例如，可能涉及高危病原体的样本采集，如H5N1禽流感或SARS疑似病例），必须穿着一次性防护服。

## 第8节　突发事件管理和急救

**突发事件**　　　实验室需要制定关于事故和突发事件处理的程序文件。应制定通用的急救书面程序文件，并将其提供给所有员工，让他们知道突发情况下首先要做的事情，以及在出现小伤口、青肿、严重伤口或皮肤污染的情况下应致电或通知的人员。

**化学泄漏**　　　只有工作人员熟悉该化学物品、知道相关危害和如何安全清理泄漏物时，才可以算作轻微泄漏。建议按照以下步骤处理化学物品轻微泄漏。

- 提醒同事并清理泄漏物。
- 遵循泄漏物的清除程序进行清洁。
- 用适当的吸收剂可以吸附泄漏的液体。常用吸收剂如下：
  - 腐蚀性液体：使用聚丙烯垫或硅藻土。
  - 氧化酸：使用硅藻土。
  - 无机酸：使用小苏打或聚丙烯垫。
  - 易燃液体：使用聚丙烯垫。
- 中和残留物并对泄漏区域进行消毒。

任何比轻微泄漏严重，且需要实验室成员之外的人员帮助处理的泄漏情况均构成严重泄漏。处理严重泄漏事故的步骤包括提醒同事、转移到安全地点并打电话给监管部门报告情况。

**生物泄漏**　　　当台面被生物泄漏物污染时，应采取以下措施。

- 划定并隔离污染区域。
- 提醒同事。
- 穿戴合适的个人防护装备。
- 用镊子或勺子将玻璃或块状物移开。
- 在泄漏物上铺上吸水纸巾，移除大部分的污染物，可根据需要重复该步骤。

· 在纸巾表面倒上消毒剂（30～60 min）。

· 留出足够的接触时间（20 min）。

· 移走纸巾，擦干净，然后，用乙醇（酒精）或肥皂和水清洁台面。

· 正确处理纸巾等材料。

· 通知科室负责人、安全负责人和其他相应的主管部门。

消毒剂：对于大多数泄漏物，可以使用家用消毒剂（次氯酸钠溶液，氯浓度为50 g/L）以1∶50稀释（氯浓度为1000 mg/L）后进行消毒。

对于含有大量有机质的泄漏物，可以使用家用消毒剂以1∶10稀释（氯浓度为5000 mg/L）或合格的分枝杆菌杀菌剂进行消毒[1]。推荐的分枝杆菌杀菌剂可在美国环境保护署官网（http：//www.epa.gov/oppad001/chemregindex.htm）查询。

不建议使用乙醇作为表面消毒剂，因为乙醇挥发速度快，与污染物的接触时间短。

如果实验室人员由于飞溅或泄漏而受到生物污染，则应立即采取以下措施。

· 用肥皂和水、洗眼液（用于眼睛）或盐水（用于口腔）清洁裸露的皮肤或身体表面。

· 实施急救并作为突发事件进行处理。

· 通知实验室管理者、安全负责人，若在下班时间可通知保卫处。

· 遵循相应的报告程序。

· 向医生说明情况以获得咨询或治疗。

---

1 See World Health Organization. *Laboratory biosafety manual*, 3rd ed. Geneva, WHO, 2004

**实验室火灾**

实验室人员应警惕可能引起火灾的情况。如果燃点低的液体靠近热源,如电炉、蒸汽管线或可能产生火花或热量的设备时,可能会引发火灾。

通常,小型的实验室火灾可在 1 ~ 2 min 内扑灭。可使用倒置的烧杯或湿纸巾遮盖火点来灭火,如果失败,应使用灭火器。如果发生大火,请致电相应的主管部门,通常是消防局和警察局。

实验室应备有相应的灭火器,以应对实验室中的火灾,通常使用 BC 级或 ABC 级灭火器。灭火器必须每年进行检查,并根据需要进行更换。应在年度实验室安全和危险废物管理培训中对实验室人员进行各类火灾和基本灭火器使用方面的培训。

**所有实验室人员必须学习如何操作便携式灭火器。**

## 第9节　总结

**总结**　　　在进行实验室空间设计或组织实施工作流程时，要确保患者和患者样本没有使用共同的流通途径。为防止或减少交叉污染的风险，可按照检验前、检验中和检验后各阶段样本在实验室的流通路径，对实验室布局设计进行改进。

实验室工作区域的设计应确保合理的通风。工作台面、地面易于清洁和消毒。

在制定安全管理方案时，应任命一个安全负责人。实验室应有一份安全手册，该手册应制定安全方针，并包含处理安全问题和突发事件的标准操作程序。需要对实验室人员进行安全措施的培训，并使其能够意识到潜在的危害。

**关键信息**　　忽视实验室安全的代价很大。它可能危及员工和患者的生命和健康、实验室声誉，以及设备和设施。

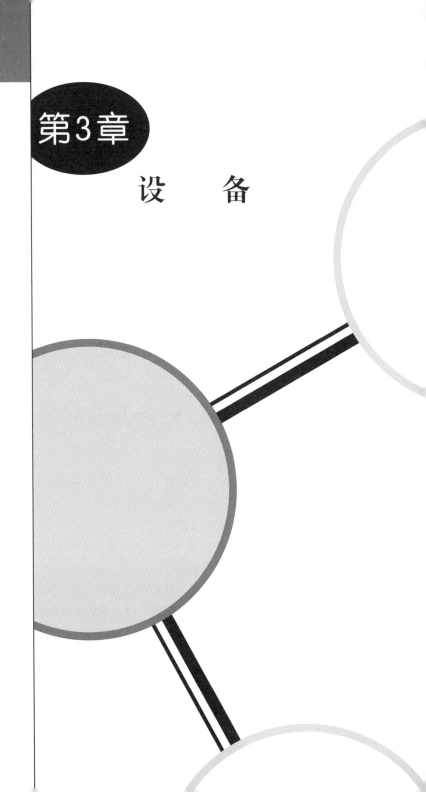

# 第3章

## 设　　备

## 第1节 概述

**在质量管理体系中的作用**

设备管理是质量管理体系的基本要素之一。良好的设备管理对于实验室检测的准确性、可靠性和及时性是十分必要的。良好的设备管理有许多益处。

| | | |
|---|---|---|
| 组织 | 人员 | 设备 |
| 采购和库存 | 过程控制 | 信息管理 |
| 文件和记录 | 事件管理 | 评估 |
| 过程改进 | 顾客服务 | 设施和安全 |

- 有利于维持高水平的实验室运转。
- 减少检测结果的变异，提高技术人员对检测结果准确性的信心。
- 降低维修成本，因为维护良好的仪器所需的维修更少。
- 延长设备寿命。
- 减少由于故障或无效引起的检测中断。
- 提高工作人员的安全性。
- 提高顾客满意度。

**设备管理计划注意事项**

设备管理需要考虑许多问题。实验室制订设备管理计划应考虑以下因素。

- 选择和购买：获取新设备时，应使用什么标准来选择设备？购买和租赁设备哪种方式更好？
- 安装：对于新设备的安装要求是什么？谁来安装新设备？
- 校准和性能评估：怎样完成设备校准和确认，以判断设备是否正常操作？新、旧设备如何执行校准及验证程序？

· 维护：制造商建议的维护计划是什么？实验室是否需要其他额外的预防性维护程序？当前的维护程序是否正确执行？

· 故障排除：是否有明确的步骤对每台仪器进行故障排除？

· 服务和维修：费用是多少？实验室可以在其所在地区内获得必要的服务和维修吗？

· 报废和处理设备：旧设备需要更换时，应如何处理？

**监督** 实验室主任需要对以下事项负责。

· 监督实验室中的所有设备管理系统。

· 确保所有使用该仪器的人员都经过适当的培训，掌握如何正确操作该仪器，并执行所有必要的例行维护程序。

可以将设备管理责任分配给实验室的技术人员。在许多实验室，都有在设备维护和故障排除方面具有良好技能的人。建议让这些人负责设备的监督。

设备管理计划中监督任务包括以下内容。

· 分配所有实验活动的职责。

· 确保对所有人员进行设备操作和维护培训。

· 监控设备管理活动，包括：

- 定期检查所有设备记录。

- 必要时更新维护程序。

- 确保遵循所有程序。

**注意：日常维护应由操作人员负责。使用设备的每个人都应接受校准和日常维护方面的培训。**

## 第2节　选择和获取设备

**选择设备**　　为实验室选择最佳仪器是设备管理的重要内容。下面列出了选择实验室设备时需要考虑的一些标准。

- 为什么要使用该设备？需要该设备进行何种检测？选择的设备应与实验室提供的服务相匹配。
- 设备的性能特点是什么？设备的准确性和重复性是否能够满足检测要求？
- 设备对实验室有什么要求？包括对物理空间的要求。
- 设备的成本是否在实验室的预算之内？
- 相应的试剂是否容易获得？
- 是否会在一定的时间内免费提供试剂？在多长时间内免费提供试剂？
- 员工操作起来是否方便？
- 提供的说明书是否采用可以理解的语言？
- 国内是否有可以提供服务的设备零售商？
- 设备是否保修？
- 是否有任何安全问题要考虑？

　　如果设备购买不是由实验室自主决定的（例如，由集中采购部门决定），则实验室管理者应为设备的购买提供建议信息，以便购买的设备最大程度满足实验室的需求。在有国家计划购买标准的地区，实验室应为设备的购买决策提供建议信息。此外，在有些地区，捐助者可能会提供一些使用过的设备，实验室管理者应对设备的选择提供建议。如果无法做到这一点，同时设备不符合实验室需求的情况下，实验室管理者应考虑拒绝接受该设备。

**获取设备**　　　购买或租赁设备哪种方式更好？在做决定前，最好考虑维修成本。制造商应提供设备操作和维护相关的所有必要信息。设备的前期成本可能看似合理，但维修成本可能很高。如果实验室需要购置多台设备，还可通过商讨价格来节省开销。

购买设备前，应询问清楚以下问题。

· 是否提供线路图、计算机软件信息、所需零件清单及人员操作手册。
· 制造商的报价中是否包含设备安装和人员培训（必要时支付差旅费用）。
· 保修条款是否包含用以验证设备性能是否达到预期的试用期。
· 合同中是否包含制造商的维护服务，如果包含，是否定期提供维护。

确定实验室是否可以提供所有必要的设备安装运行物理要求，例如，电、水和空间。必须有足够的空间将设备移至实验室，还要考虑开门和电梯通道的空间。

**设备安装**　　　在安装设备之前，请验证是否满足所有物理要求（电气、空间、门、通风和供水）。

需要考虑的其他事项如下。

· 在开始安装之前，应书面确认供应商的安装责任。
· 应制定一份预期性能规范清单，以便在安装设备后可以迅速验证其性能。

尽可能让制造商安装实验室设备。这会改善保修情况，也能够确保正确、快速地完成设备安装。

如果实验室自行安装设备，需要注意以下几点。

· 检查包装内物品是否包含所有零件。
· 备份系统中的所有软件。
· 请勿在设备完全安装、性能验证和测试人员培训之前使用设备。

## 第3节　设备投入使用前的准备

**安装后**

设备安装好投入使用之前，需要解决以下问题。

· 分配执行设备维护和操作程序的职责。
· 建立零部件和备件使用情况的记录系统（请参阅第4章）。
· 制定设备校准、性能验证和设备操作的SOP书面文件。
· 建立维护计划，包括每天、每周和每个月的维护任务。
· 对所有操作人员进行培训和考核，只有经过专门培训并评估合格的人员才可被授权进行设备操作。

指定设备使用的授权人员及使用时间。

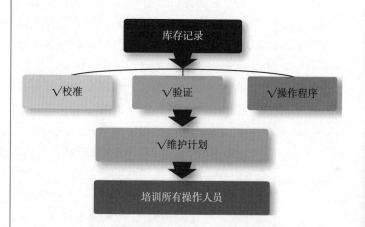

**设备校准**

对设备进行初始校准时，应遵循制造商的说明书要求。首次投入使用时，最好在每轮检测时都对设备进行校准。根据设备的稳定性和制造商的建议，确定需要多久校准一次设备。最好使用由制造商提供的或从制造商处购买的校准品进行校准。

**性能评估**

在检测患者标本之前，对新设备的性能进行评估非常重要，以确保其准确性和精密度符合检测要求。

此外，实验室需要评估试剂盒的检测方法或实验室仪器对疾病的检测能力（灵敏度、特异性、阳性和阴性预测值），以及确定正常范围和可报告范围。

验证制造商的性能声明：制造商使用他们的试剂盒或设备对检测方法进行性能评估，并在包装说明书或操作手册中展示产品的性能评估结果。实验室需要核实制造商的性能声明，证明他们的实验室人员使用实验室中的试剂盒及设备可以得到相同的结果。

性能验证应遵循以下步骤。

· 检测已知浓度的样本，并将结果与预期值或标准值进行比较。

· 如果设备为温控设备，则应确保温度的稳定性和一致性。

新设备和相关技术的确认：如果设备和相关技术是新的，那么确认过程就很重要。可以在一段时间内同时使用新、旧设备和平行检测样本的方法进行验证，以确定新设备是否可以获得预期结果。应完整记录确认的过程。

**功能检查**

为了验证设备是否按照制造商的说明书工作，必须定期对设备进行功能检查，以监测设备的参数。这些工作需要在设备开机使用前进行，之后按照制造商建议的频率进行此操作。设备维修后也应进行这些功能检查。功能检查内容有每天监控温度、检查波长校准的准确性等。

## 第4节　实施设备维护计划

**预防性维护**

　　预防性维护包括进行系统和常规的清洁，定期调整或更换设备部件等。制造商通常会建议定期对设备进行相应的维护，如每天、每周、每个月或每年。按建议的维护周期及方法进行设备维护，有助于提高设备的工作效率，延长设备的使用寿命，也有助于防止以下情况的发生。

　　・设备故障导致检测结果不准确。

　　・延迟报告结果。

　　・检测效率低。

　　・维修费用大。

**维护计划**

　　维护计划包括预防性维护程序，以及设备资产管理、设备故障排除和设备维修。实施设备维护计划时的初始步骤如下。

　　・分配设备监督职责。

　　・制定设备维护的书面政策和程序，包括每台设备的例行维护计划，计划中应对每种维护任务的执行频率进行规定。

　　・制定设备维护的记录表格，并建立保存维护记录流程。

　　・对员工进行设备使用和维护方面的培训，并确保所有员工掌握其具体职责。

　　建议在设备上粘贴一个标签，提示下次维护或保养的日期。

**设备资产管理**

　　实验室应保留所有设备资产信息清单。该清单应及时增加新设备的信息，并记录旧设备的报废或停用等信息。清单中每台设备的信息应包括以下内容。

　　・设备类型、品牌、型号及序列号，便于与制造商沟通设备问题。

- 设备的购买日期，以及购买的是新设备、二手设备或翻新设备。
- 制造商/供应商联系方式。
- 文件、备件及维修合同。
- 保修的有效期。
- 包含获取年份信息的具体资产编号（这对于较大的实验室尤其有用），例如，使用"YY-数字"（04-001、04-002等）的样式，其中"YY"是年份的后2位，数字是在该年中赋予的数字。

如果实验室目前没有现成的设备资产管理系统，则必须开展资产清查流程。较为方便的是按照网格模型逐个房间进行设备清查。例如，先对接待区的设备进行清点，然后，对样本采集区、血清学检测区和寄生虫检测区进行清点。在盘点时应记录设备状况（功能正常、部分功能正常或故障）。对于故障设备需评估其能否维修，无法维修的设备应被停用报废，并安排对需维修的设备进行维修。

**备件库存**　　为确保实验室备件充足，每台设备均应建立常用备件的清单。清单应包括以下内容。

- 零件名称和编号。
- 零件的平均使用量和最小库存量。
- 单价。
- 零件入库日期和使用日期（库存日志）。
- 库存中剩余每种零件的数量。

## 第5节 故障排查、维修和设备停用报废

**寻找故障**
**原因**

设备可能会出现各种各样的问题。操作人员可能会观察到一些细微的变化，例如，质控品或校准品的结果漂移，或设备功能出现明显问题。有时，设备会无法运行。重要的是应培训操作人员如何解决设备故障，以使设备尽快恢复功能并继续检测。

当操作人员观察到检测结果漂移时，首先可以进行预防性维护，如果不起作用，则继续进行故障排查。

**故障排查**

制造商通常会提供帮助确定故障原因的流程图。下面是一些需要考虑的问题。

· 问题是否与样本质量差有关？样本的采集和存储过程是否正确？是否由于浑浊或凝血等因素影响设备性能？

· 试剂是否有问题？试剂是否正确存储，并且在使用期内？是否在引入新的试剂批号时未进行仪器校准？

· 水或电源有问题吗？

· 设备是否有问题？

根据故障情况每次更改一个因素，依次进行故障排查。如果问题出在设备本身，请查阅制造商提供的说明书，以确认所有的步骤均正确完成。

**当故障无法**
**解决时**

如果实验室内部无法判断和解决问题，可以尝试寻找其他方法进行检测，直到设备维修完成。以下几种方法可供采用。

· 使用备用设备。对于实验室来说，拥有自己的备用设备通常过于昂贵，但是有时总代理商会保留备用仪器，供本地或国家共享。

· 要求制造商在维修期间提供替换设备。

· 将样本送到附近的实验室进行检测。

通知相关的人员或部门检测过程出现问题，结果可能会延迟发放。

**维护与维修**

不要使用故障设备！向制造商或其他技术专家寻求帮助。在设备上放一张设备故障警示标识，以便所有员工都知道其处于故障状态无法使用。

制造商可能会为其出售的设备提供维护和维修。实验室应制定流程，确定需要制造商定期进行维护的时间表。当设备需要维修时，注意某些合约条款中可能会规定该维修只能由制造商进行。一些大型机构有时会在内部配备生物医学服务技术人员来进行设备维护和维修。

应合理安排常规维护的时间，避免干扰实验室正常检测工作。

**设备的报废和处置**

实验室应制定有关老旧设备报废的政策和程序文件。设备报废通常发生在设备无法正常工作且无法维修时，或者设备过时需被替换的情况下。

一件设备完全报废，并且确定不再使用时，应以适当的方式进行处理。在实验室中，最后的步骤通常被忽略，旧设备的堆积会占用宝贵的空间，有时还会造成危险。

处置设备时，保留所有可用的零件，尤其是该设备将要被另一个相似的设备替换时。同时要考虑任何潜在的生物危害，并遵循所有的安全处置程序。

## 第6节　设备维护文件化

**为记录保存建立文件和方针（政策）**

　　设备文件和记录是质量体系的重要组成部分。质量文件中应规定设备维护的方针（政策）和程序。保留良好的设备记录有助于评估可能出现的任何问题（请参阅第16章）。

　　每个主要设备都有自己的设备维护文件。较小的常用设备（如离心机和移液器）可以通过设备维护文件或手册来管理，该文件或手册也可以应用于实验室中的所有此类设备。设备维护文件应包括以下内容。

- 日常维护的分步说明，包括维护频率及如何保存维护记录。
- 进行功能检查、执行频率及如何记录结果的说明。
- 设备校准指南。
- 故障排查指南。
- 任何必须由制造商完成的维护和维修。
- 设备使用和维护所需的特定物品清单，例如备件。

　　对于关键设备，应有特定仪器的标识，以及性能状态信息。

**记录维护信息**

　　每台设备应有专门的日志文件，记录其所有特性和维护要素，包括以下内容。

- 预防性维护活动和时间表。
- 记录功能检查和校准情况。
- 制造商进行的任何维护。
- 有关仪器出现的任何问题的完整信息，随后的故障排查活动，以及有关问题解决的后续信息。在记录问题时，请务必记录。包括：
  - 发生问题的日期，以及何时停止使用设备。
  - 故障或失败的原因。
  - 采取的维修措施，包括有关制造商提供的任何服务说明。

-恢复使用日期。

-由于该问题引发的对维护程序或功能检查进行的任何更改。

一些有助于保存设备管理记录的工具包括以下几种。

· 图表。

· 日志。

· 清单。

· 图。

· 服务报告。

**该日志应在设备的整个生命周期内可供查阅。**

## 第7节 总结

**总结**　　所有实验室都应有良好的设备管理计划。该计划应包含设备的选择、预防性维护，以及故障排查和维修内容。

　　必须保留良好的设备管理文件和记录。包括实验室所有设备的完整、准确的清单，制造商提供的有关操作、维护和故障排除的文件，以及所有预防性维护和维修活动的记录。

**关键信息**
- 良好的设备维护计划可提高设备性能，增强结果可靠性的可信度。
- 对实验室而言，明显的好处是减少检测中断，降低维修成本并延长设备使用寿命，避免过快地更换设备。
- 良好的设备维护可提高实验室工作人员的安全性。

第4章

采购和库存

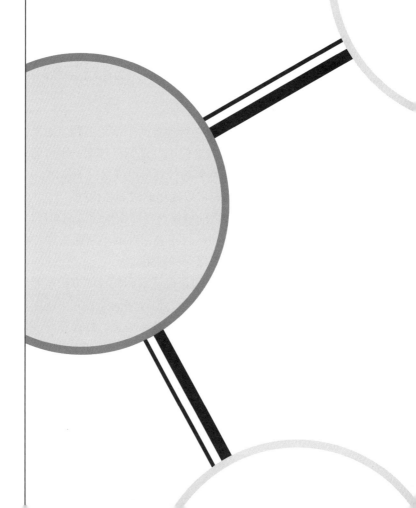

## 第1节 概述

**在质量管理体系中的作用**

采购和库存管理是质量管理体系的重要组成部分。

保持高效、经济的实验室运营需要持续提供试剂、耗材和服务。即使实验室有很短的时间无法正常运行，也会对临床护理、预防活动和公共卫生计划的施行造成很大的干扰。

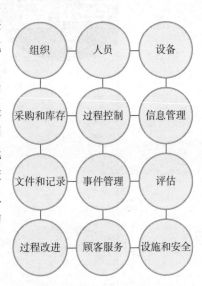

**积极作用**

严谨的库存管理有助于避免浪费。如果试剂和耗材的存放不当，或者使用的试剂已过期，则可能发生浪费。建立采购和库存管理计划可以确保以下作用。

· 始终有可以使用的试剂和耗材。

· 以合适的价格获得高质量的试剂和耗材。

· 试剂和耗材不会因存放不当而丢失，也不会在过期后仍被保存和使用。

**建议**

实验室之间获得试剂和耗材的方法差异很大。一些实验室可以直接采购，但许多国家建立了国家采购系统，由库存中心直接分发给各实验室。然而在许多地方，大部分试剂和耗材来自于捐赠。

管理试剂和耗材的实验室必须考虑到这些因素。

**挑战**　　试剂的有效期从数周到数年不等。库存管理面临的挑战是如何平衡库存物料的供应能力和试剂的有效期。重要的是，实验室应持续监控试剂的失效日期，以确保所需的试剂始终充足且能在有效期内使用完毕。如果库存过多，则可能增加存储成本且易造成浪费。

实验室接受的捐赠设备或耗材必须满足客户需求和实验室的工作要求。实验室管理者有时可能需要拒绝捐赠，但应以礼貌、委婉的方式拒绝，以免影响以后的捐赠。

**关键因素**　　成功的采购和库存管理是要建立管理所有关键物料和服务的方针（政策）及程序。其中包括以下关键因素。

- 供应商/制造商资格。
- 购买协议。
- 物料的接收、检查、检测、存储和处理：所有购买的物料应进行检查和适当的检测，以确保其符合规格要求，并应制定有关实验室物料储存和处理的政策。
- 对患者使用物料的跟踪：管理系统必须能够对患者使用的物料进行跟踪，也就是说，实验室应能够识别在任何一天进行检测所用的特定检测物料，以便在患者结果出现问题时，实验室可以知道当时所使用的试剂和耗材。
- 评估并维持库存。
- 控制有效期。
- 向下级实验室分发物料。

## 第2节　采购

**选择供应商**

　　设定采购预期。与物料或服务供应商建立并维持良好的关系非常重要。直接负责采购的实验室应仔细核查供应商和制造商的资质，并审核物料说明书、运输方法等。如果从政府管理的库存中心获取试剂和耗材的实验室，应与这些库存管理部门积极沟通以达到上述目标。

　　购买前实验室应考虑以下几点。

- 确定要购买的耗材或物料的标准。
- 在考虑到供应商资质和信誉的同时尽量以最优惠的价格购买。
- 与普通产品相比，应考虑购买品牌产品的优缺点（例如，为特定移液器购买特定枪头，还是使用成本更低的普通枪头）。

　　在考虑质量、供应可靠性和成本时，可以向其他实验室咨询相关信息。

　　购买后对供应商的评估也同样重要。评估时需要考虑供应商是否交付了规定的货物，或者集中采购机构是否能够满足实验室需求。

**注意事项**

　　在制定购买程序时，需要注意以下事项。

- 了解需要在合同中写明的地方政府及国家的相关政策要求。
- 在保证质量的前提下，积极与供应商协商以达到最优惠的价格。
- 仔细检查所有合同，以确保符合实验室要求。合同应写明付款方式及条款，以确保试剂和耗材的可靠供应。询问终止合同是否会面临相应的责任。
- 确定付款方式，确认供应商如何保证试剂和物料的可靠供应及运输。

## 第3节 实施库存管理计划

实施步骤

　　在制订库存管理计划时，需要考虑许多因素。库存管理系统的设计应使实验室可以密切监控所有耗材和试剂的状况，知道有多少可用，并在需要重新订购时得到警示。

　　库存管理计划的实施步骤如下。

- ·库存管理的职责分配。
- ·实验室需求分析。
- ·最低库存的确定，分析一定时间段所需的最低库存量。
- ·制定所需的记录和表格。
- ·建立接收、检查和储存物品的管理程序和系统。
- ·建立覆盖所有存储区域和实验室所有试剂和耗材的库存管理系统。

分析需求

　　实验室需要建立一套程序，分析物料的需求情况和一些特定检测试剂盒的需求数量。

　　实验室应列出所有试验物品的清单，并确定每种试验所需的耗材和试剂。明智的做法是结合多方面的信息，评估在两次物品订购间隔期物品的使用情况。以下信息有助于分析物品需求情况。

- ·每项使用物品的完整说明。
- ·物品的包装规格。
- ·每个月的使用量（定量化，如每个月使用6盒）。
- ·该物品在实验室工作中的优先级或重要程度（每天使用或每个月仅使用一次）。
- ·收到货物所需的时间（订单需要1天、1周或更长时间到达）。
- ·储存空间和条件（批量订单是否会占用过多的存储空间？这个物品需要放在冰箱里吗）。

第4节　量化

**为什么要量化**

实验室如何确定每种物品需要的订购数量?

物品需求的量化是一个非常重要的过程,可以帮助计算一定时间段内物品的需求量,这是成功的库存管理计划的重要组成部分。准确的物品需求数量有以下优点。

· 能够确保在需要时, 及时提供必要的物品。

· 防止物品库存积压,导致浪费。

量化可以提供以下信息。

· 估算年度预算需求。

· 进行更好的计划。

· 制定决策并监控库存管理系统的性能。

**什么时候量化**

在为实验室制订年度计划时应进行量化,同时考虑试剂和耗材的常规使用情况。

但是,需要注意在准备实施新的卫生计划或流行病监测(已确定的或潜在的)工作时,实验室的检测量会变大,因此,需要更多的物品准备。

**如何量化**

2种常用的量化方法是基于消耗的量化和基于发病率的量化。

1.基于消耗的量化

实验室最常使用的是基于消耗的量化方法,并且会在长时间的使用中积累更多的经验。此方法基于实际消耗量,需要考虑许多种因素,例如,要确定实际使用量,同时需要估计浪费量,以及确定因过期或变质丢弃的试剂和耗材数量。此类监控方式的示例如下图。

为制订良好的计划,需要考虑在1年中是否出现有超过15天的任何试剂或耗材库存不足的情况。若出现这种情况,则提示没有订购足够数量的耗材或可能存在浪费或过期的耗材高于预期的情况。

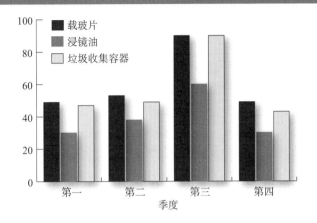

## 2.基于发病率的量化

在使用基于发病率的定量方法（如下图所示）时，实验室必须考虑需要实验室检测的实际发病、患病及有健康问题人群的数量。换句话说，实验室需要估计相关疾病的预期发生率，即每单位人口（每1000人、每10 000人等）将发生多少病例。然后，考虑实验室服务的人数，以此预估社区预计将观察到的病例总数。参考诊断和治疗的标准指南，并考虑医生对这些指南的遵守程度，有助于估计实验室将开展的检测量。

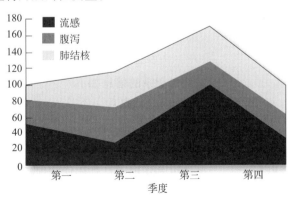

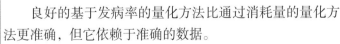

良好的基于发病率的量化方法比通过消耗量的量化方法更准确，但它依赖于准确的数据。

### 第5节　表格与记录日志

**制定表格并建立记录日志**

建立适当的记录保存系统是库存管理的重要步骤。对库存管理有用的工具包括以下几种。

· 标准化的表格。
· 卡片系统。
· 日志记录簿。

对于使用的任何系统，应记录以下信息。

· 收到试剂或耗材的日期。
· 所有耗材、试剂和试剂盒的批号。
· 物料接收标准。
· 该批次物品投入使用的日期，如不可用，则注明处置日期和方法。

**记录日志**

使用库存记录日志或卡片系统有助于追溯某一时间试剂和物品的使用情况。除了上述信息外，还应记录以下内容。

· 物料接收人员的姓名及签名。
· 接收日期。
· 有效期。
· 收到的物品数量。
· 应达到的最低库存。
· 当前库存量。

其他可记录的信息如下。

· 货架编号或名称。
· 目的地（例如，细菌培养基配制室的-20℃冰箱）。

建议将库存记录日志保存在存储区域。

## 第6节　物品接收和储存

**接收并检查物料**

应建立物品接收流程，以便工作人员了解在接收物品时需要做什么。所有耗材和试剂到达实验室时都应进行检查，以确保实物与订单一致且质量完好。

此外，接收物品的人员应注意以下几点。

· 签名确认收货。

· 标注每种物品的接收日期。

· 注明过期日期。

· 存储时将新到物品与现有物品分开存放，发放物品实施先进先出原则。

· 创建或更新记录。

**存储**

试剂和耗材的存储是库存管理的重要内容。对于存储有以下建议。

· 保持存储室清洁、整齐并上锁，以保护库存物品。

· 确保存储区域通风良好，避免阳光直射。

· 确保存储条件符合制造商的说明，特别注意储存温度及安全要求。

· 物品架应足够坚固，架子上的物品应摆放整齐，以防止移动或掉落。架子应摆放稳固，以防倾倒。

· 确保员工可以拿到物品。应当使用坚固的踏脚凳，以取到较高架子上的物品，较重的物品应存放在较低的架子上；不应要求工作人员搬举重物。

· 存放时应整理试剂和耗材，将新物品放在现有物品的后面，以便优先使用较旧的物品（即首先使用最早过期的物品）。

**货架结构**

在货架上张贴标签是库存管理的有效方法，有助于系统规划存储空间。

·在架子的不同区域分别张贴编号或名称标签。

·记录各种试剂和耗材对应的货架编号或名称。

这种方法有助于避免物品丢失，并节约寻找物品的时间。如果采用此方法，即使是不熟悉仓库的人员也可找到物品。同样，对冷藏室、冰箱和冰柜编号也很有用。此类系统的示例如下图。

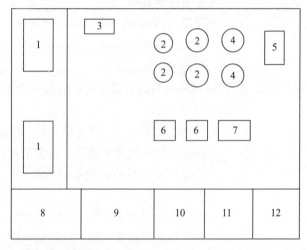

**标记试剂**

建议建立试剂标记体系，特别注意应在试剂上标注打开日期，并确保有效期清晰可见。

## 第7节 库存监控

**库存的持续监控**

应当建立和实施库存监控程序以持续监控库存。为确保库存监控有效实施，需要考虑以下几点。

- 将库存监控责任分配给1个或多个工作人员，但必须由1人负责。
- 确保库存监控系统涵盖实验室所有耗材和试剂，并确保对所有存储区域实施库存管理。
- 每周对试剂和耗材的数量进行统计，以检查库存系统，并将其作为持续库存监控过程的一部分。
- 确保库存管理相关的记录得到及时更新。

**电脑化库存管理的优缺点**

在许多实验室中，可以建立一个简单的计算机系统来管理库存。使用计算机系统有很多优点。

- 计算机系统能够实时数据更新，可随时查询库中耗材和试剂的准确数量。
- 可以有效管理物品失效日期：在系统中可以设置对即将过期的物品发出警示，从而优化资源使用。
- 生成统计数据，有助于制订物品采购计划。
- 对将试剂分配给卫星实验室的过程管理提供帮助。
- 减轻库存管理负担。

建立计算机系统具有以下缺点。

- 需要一台现场计算机，购买起来可能会很昂贵。
- 需要对使用该系统的员工进行培训。

## 第8节　总结

**总结**　　　一个管理良好的实验室应有库存维护和采购系统。该系统需要进行计划和监控，以确保始终有适当数量的耗材和试剂，同时防止浪费。

在实施库存管理时，实验室必须落实库存管理责任，分析实验室的需求，并确定在一定时间段所需的最低库存量。同时，需要制定适当的记录日志和表格，以及接收、检查和存储物品的流程。

实验室需要对所有试剂和耗材的库存系统进行维护，该系统必须涵盖所有试剂和耗材及存储区域。

**关键信息**　　　正确的库存管理会带来以下益处。

- 提高实验室的效率和效能，正确的库存管理可以保证所需物品的持续供应。
- 确保物品在需要时可用。
- 确保满足患者和临床需求。

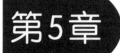

第5章

# 过程控制：样本管理

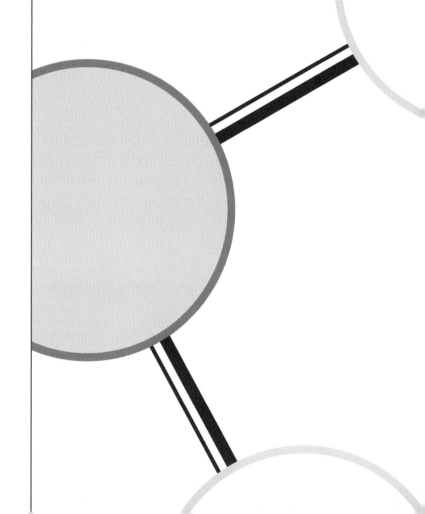

## 第1节  概述

**在质量管理体系中的作用**

样本管理是过程控制的一部分，也是质量管理体系的重要组成部分。

实验室工作质量的好坏取决于检测样本的质量状况。实验室应采取主动措施，确认接收的样本符合既定的质量要求，从而保证检测结果的准确。

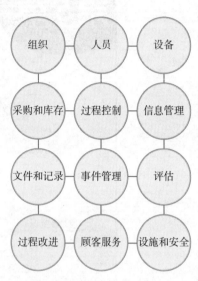

**样本与标本**

国际标准化组织（The International Organization for Standardization，ISO）和临床实验室标准协会（Clinical and Laboratory Standards Institute，CLSI）将样本（sample）定义为"从某个系统中取出的1个或多个部分，旨在提供该系统的信息"（ISO15189：2007）。"标本（specimen）"一词在实验室被广泛使用，表示取自人体的样本。但在ISO系列文件中均使用术语"原始样本（primiary sample）"或"样本（sample）"。在本手册中"样本"和"标本"2个术语可互换。

值得注意的是，在某些现行的运输法规中术语"标本（specimen）"仍被继续使用。

| | |
|---|---|
| **良好管理的<br>重要性** | 　　样本的正确管理对确保检测结果的准确性和可靠性至关重要，直接影响实验室诊断结果的可信度。而实验室结果又会影响治疗决策，并且可能对患者的护理和疗效产生重大影响。提供准确的实验室结果对确保患者良好的治疗效果非常重要。<br><br>　　不准确的检测会影响患者住院时长，以及在医院和实验室支出的费用。同时还会影响实验室的效率，导致重复检测，造成人员、时间、耗材和试剂的浪费。 |
| **样本管理的<br>组成部分** | 　　应建立书面化的样本管理政策，并将其纳入实验室手册。应涵盖以下内容。<br>　　·申请表单所需信息。<br>　　·应急处理要求。<br>　　·采集、标识、保存和运输。<br>　　·安全措施（容器泄漏或破损、污染、其他生物危害）。<br>　　·评估、处理和追溯样本。<br>　　·储存、保存和处置。 |

## 第2节 实验室手册

**目的和发放**　应制定实验室手册，以确保所有样本得到妥善管理，样本采集人员可获得所需的信息。在所有样本采集区域，包括远离实验室的区域，应均可获得该实验室手册。

实验室全体工作人员应熟知手册内容，应能解答与手册内容相关的问题。实验室手册是非常重要的文件，应持续更新，并作为实验室质量手册的参考依据之一。

**内容**　实验室手册中应包括以下重要信息。

· 重要人员姓名和联系电话。

· 实验室名称和地址。

· 实验室工作时间。

· 可申请的检测项目清单。

· 样本采集要求的详细信息。

· 样本运输要求（如需）。

· 预期检测周转时间。

· 紧急情况处理要求（应包括紧急情况下的检测清单、预期检测周转时间，以及如何申请检测）。

实验室应定期对负责样本采集的医疗服务人员和实验室工作人员进行培训。

## 第3节 采集和保存

**实验室职责**　　尽管样本采集过程通常由非实验室工作人员执行，但采集适宜和有效的样本仍是实验室的职责。如住院患者由护士进行床旁样本采集，医疗服务提供者在诊所进行样本采集。

实验室可在样本采集点向医护人员提供样本采集的信息，以帮助获得符合要求的样本，如应确认使用合适的容器和采集耗材，明确正确的标识方式。样本送达实验室后应对所有样本进行认真核查。

**检验申请**　　获取样本过程中的第一步是检验申请。实验室应提供检验申请表，表上应明确正确处理样本和结果报告所需的全部信息。

检验申请表包括以下要点。

·患者身份识别。

·申请检测项目。

·样本采集日期和时间。

·样本来源（相关时）。

·临床数据（必要时）。

·申请检测的医护人员联系信息。

**现场数据采集表**

| 患者基本信息 | 追踪识别号 |
|---|---|
| 姓名：<br>地址：<br>国家：<br>县：<br>城市/城镇/乡村： | 生日（日/月/年）：<br>性别：女（ ）男（ ）<br>国籍：<br>职位： |

发病日期（日/月/年）：

**临床样本**

| 唯一身份识别码 | 类型 | 采集日期（日/月/年） | 临床诊断 | 样本采集期间患者健康状态 | 评论 |
|---|---|---|---|---|---|
| | | | | | |
| | | | | | |
| | | | | | |

**尸检样本**
**死亡日期（日/月/年）**

| | | | | | |
|---|---|---|---|---|---|
| | | | | | |
| | | | | | |

填表人姓名：
隶属机构：
联系方式：
日期（日/月/年）：

**样本采集要求**

供流行病学研究的样本采集现场，应提供相关表单，包括患者姓名、唯一身份识别码、人口统计信息，以及患者健康状态。必要时增加附加信息有助于发现感染源和寻找潜在的接触者。

依据检测项目和样本类型，样本采集和保存的要求会有所不同。实验室应明确开展的所有检测项目的样本采集过程。在准备样本采集说明时应考虑以下内容。

- 患者准备：某些检测项目要求患者空腹。例如，血糖、药物浓度和激素等检测项目会有特定的计时要求。
- 患者识别：样本采集人员应正确识别患者。可通过询问患者、询问陪同家庭成员、使用识别腕带或其他装备完成。
- 样本类型：血液检测项目可能需要提供血清、血浆或全血样本。其他检测项目可能要求提供尿液或唾液样本。微生物检测项目涉及多种样本类型，因此，需明确检测项目的样本类型信息。
- 容器类型：样本容器非常重要，因为容器通常影响容量和添加剂（如抗凝剂、防腐剂）。如样本容器无法控制容量（如真空采血管），则应明确说明；某些微生物样本需特定的运输介质以保存微生物。
- 样本标识：样本采集时的标识要求应在采集手册中详细说明。
- 特殊处理：某些样本需特殊处理，如尽快冷藏、避光、立即送交实验室。任何重要的安全预防措施均应加以解释说明。

有时样本由患者本人自行采集，例如，检测寄生虫的粪便样本。值得注意的是，实验室应制定相应规程，为患者提供适宜的采集工具、采集说明、安全预防措施和标签。推荐用实验室服务的社区所使用的语言，以及简单易懂的图表形式为患者提供相应的说明。

| | |
|---|---|
| **样本标识** | 每份样本应清晰标识以下内容。 |
| | ·患者姓名。 |
| | ·唯一标识号（医院编号或实验室编号）。 |
| | ·申请的检测项目。 |
| | ·样本采集的日期、时间。 |
| | ·样本采集人员的姓名首字母缩写。 |
| **样本采集错误的后果** | 正确采集样本是良好实验室技术实践的重要基础。样本采集不当可能导致以下不良后果。 |
| | ·检测报告延迟。 |
| | ·非必要的重新抽血/重新检测。 |
| | ·客户满意度降低。 |
| | ·成本增加。 |
| | ·不正确的诊断或治疗。 |
| | ·伤害。 |
| | ·死亡。 |

## 第4节　样本处理

**质量验证**　　自样本送交实验室至检测开始前，实验室需对样本执行一系列操作。

·确认样本数量正确、标识正确、状况良好，符合检测项目要求。检验申请内容完整，并包含所有需要的信息。

·将样本信息记入登记本或日志本。

·强制执行处理异常样本的程序，必要时拒收样本。

**拒收样本**　　实验室应建立拒收样本的标准并严格执行。某些情况下很难拒收一份样本，但请记住，不符合要求的样本将无法获得准确的检测结果。实验室有责任执行样本拒收政策，确保患者的利益不受损。

管理层应定期审核拒收样本的数量和拒收原因，有针对性地对样本采集过程进行培训，修订书面化的样本管理程序（如需）。

以下样本应拒收。

·无标识样本。

·样本管/容器破损或泄漏。

·患者信息不全。

·检验申请单中样本标签与患者姓名不符。

·溶血样本（依据检测项目要求）。

·非空腹样本（要求空腹的检测项目）。

·使用错误的试管/容器采集样本（如防腐剂错误或非无菌容器）。

·防腐剂量不足。

·样本容量不足，无法完成相应检测。

·运输时间过长，运输过程中其他不当处理。

在工作日志中记录拒收样本的原因，以及其他相关信息。

　　拒绝样本时应进行如下处理。
· 及时通知相关责任人员样本不符合检测要求。
· 按照实验室手册要求的程序，重新采集一份样本。
· 保留拒收样本，等待最终决定再对其进行处理。
　　在特定情况下与申请者协商后可能有必要对非最佳的样本进行检测。

**样本登记或日志**

　　实验室应保存所有接收样本的登记记录或工作日志。实验室可设置一份总样本登记记录，也可由各专业实验室设置自己的样本登记记录。

　　实验室为每份样本分配了实验室的专用识别码，并书写在样本及其交接单上。如实验室使用计算机签发报告，则将相关信息同时输入计算机中。

　　样本登记应包括以下内容。
· 样本采集日期、时间。
· 实验室样本接收日期、时间。
· 样本类型。
· 患者姓名，要求的人口统计信息。
· 实验室专用识别码。
· 检测项目。

**样本的追溯系统**

　　实验室应建立样本追溯系统，以便追踪样本从实验室接收到完成检测报告的全过程。

　　可以通过仔细保存以下记录来手工实现样本信息追溯。
· 样本确认接收记录，包括接收的日期和时间。
· 样本标识记录：对样本做适宜标记，按检测要求保存，直至被分配到实验室标识。
· 追踪分样样本记录：分样样本可追溯到原始样本。

如实验室使用计算机系统，则应对数据库进行维护以确保样本的可追溯性。同时每份样本的以下信息应录入数据库。

- ·专用识别码。
- ·患者信息。
- ·样本采集日期、时间。
- ·样本类型（如尿液、咽拭子、用于培养的脑脊液）。
- ·检测项目。
- ·申请检测医生（医疗服务提供者）的姓名。
- ·患者地点（例如病房、诊所、门诊）。
- ·诊断性检测结果。
- ·检测报告日期、时间。

| | |
|---|---|
| **样本处理** | **所有样本应视为传染性样本进行处理。** |

## 第5节　样本储存、保留和处置

**样本储存**

实验室应制定书面的方针（政策），具体包括以下内容。

· 规定何种样本应该被储存。

· 规定样本保留时间。

· 样本位置（考虑便利性）。

· 样本储存条件，如气压和温度要求。

· 样本存储系统，一种按接收日期或登记号码进行样本储存的方法。

**样本保留**

实验室应制定每种类型样本的保留政策。有些样本可快速处置，而有些样本需要保留较长时间。受冰箱和冰柜空间限制，实验室应监控储存样本，确保其储存时间不超过要求的储存期限。实验室必须监控样本冻融次数，以防样本变质。

对长期保存的样本需要制订保存计划。宜使用便于管理、易找到样本的计算机追踪系统对这些样本进行管理。应按规定时间定期核查储存样本的库存，确定样本的弃置时间。

**样本转送**

样本转送至其他实验室进行检测时，应做好以下几点。

· 获取样本要转去实验室的具有详细操作实验室手册。

· 确保样本已正确标识、使用正确的容器、指定申请单中应包含检测项目及交付实验室的联系信息。

· 认真核查转送样本。

  -记录所有转送的样本和检测项目，转送日期和转送人姓名。

  -记录并报告每份转送样本的结果。

  -监控周转时间，并记录遇到的所有问题。

**样本处置**

实验室负责采用安全的方式处置实验室废物。为确保患者的样本得到合理处置，应注意以下事项。

· 建立样本处置方针（政策）。样本处置应符合地方和国家医疗废物处理法规要求。

· 建立并执行样本先消毒再处置的程序。

## 第6节　样本运输

**运输需求**　　　通常来说，样本在实验室外采集需经过运输至实验室才能进行后续处理和检测。运输距离可能是短途，但来自距离较远的诊所或采集点的样本需使用车辆或飞机来运输。实验室有时需将样本转送至比对实验室。无论何种情况，都应对样本的运输过程进行监控管理，以确保样本的完整性和有效性。实验室应关注样本运输温度和保存要求，以及特殊运输容器和时间限制对样本的影响。此外，确保运输前、运输中和运输后样本处置人员的安全也非常重要。

**安全要求**　　　在当地、区域实验室和参考实验室间，或跨国实验室间，通过空运、海运、铁路或公路运输样本的实验室，应遵守一系列的法规。这些法规旨在处理运输事故及泄漏，减少生物危害，并确保检测样本的完整性。

**法规要求**　　　样本运输相关法规的来源。

·国家运输法规。

·国际民用航空组织（International Civil Aviation Organization，ICAO）。

·铁路和公路运输机构。

·邮政服务。

私人快递公司可能有其自身的要求。

必须遵守行业标准和法规。一旦违反，快递员、承运人和实验室人员甚至乘客将面临安全风险，违反者将受到重罚。

联合国专家委员会负责制定运输危险物品的相关建议，其成员由来自30多个国家的投票代表和来自各个组织的无表决权顾问组成。许多国家已全部采纳联合国法规作为其国家危险品的法规，一些国家/地区仅部分采纳。国家主管部门应明确本国在法规上的要求。

**分类**　　　样本运输要求应基于运输样本的类型。传染性物质分为A类和B类。A类和B类与风险分组之间无直接关系。

A类：对健康的人类或动物会造成终身残疾、有生命危险或造成死亡的传染性物质。

运输名称和联合国编号如下。

·影响人类的传染性物质，UN 2814。

·仅影响动物的传染性物质，UN 2900。

B类：不符合纳入A类标准的传染性物质。运输名称为生物物质B类，联合国编号为UN 3373。

含有传染性物质的医疗废物应依据具体传染性物质和其是否存在于培养物中被分为A类或B类。

豁免：《联合国传染性物质运输规章范本》中针对存在病原体可能性极低的样本制定了一系列豁免条例，对其包装和运输的要求与A类和B类传染性物质不同。

**包装要求**　　　3种样本依据分类不同，有具体的包装说明和标签要求。所有潜在有生物危害的材料均需进行3层包装。

·内层容器：使用试管或瓶作为盛装样本的原始容器。材质一般为玻璃、金属或塑料，应当防漏密封，必要时可缠上防水胶带。试管或瓶子上必须用永久性记号笔标识。

·第2层包装：使用防水聚乙烯盒子保护第一层包装。配有硬纸板或气泡膜或小瓶支架，可以容纳多个内层容器并起到保护作用。必须放置充足的吸收性材料（纱布、吸水纸）用于一旦样本管破裂时吸收液体。

·外层容器：加固箱用于保护第2层包装。第2层包装和外层容器只要完好无损即可重复使用，但应移除旧的标签。

需干冰运输的样本有特定的包装要求。

**样本运输管理**

确保运输样本过程符合所有相关的法规和要求，特别关注国家相关要求中适用于医院、实验室车辆运输样本的部分。

包装样本、驾驶运输车辆的所有人员均应接受关于安全和保持样本良好的流程的培训。如要达到ICAO法规的要求，工作人员应专门接受危险物品包装的培训。

在当地，无论通过救护车还是由诊所或实验室工作人员运输，保证样本的完整性非常重要。可使用冰盒或空调设备，设置可接受的运输时间，并监控符合性，以确保运输温度和时间等符合要求。

## 第7节 总结

**总结**

　　为需要者提供实验室手册，手册应详细描述样本采集要求并提供检测相关信息。

　　建立实验室的样本追溯系统，有助于掌握样本在实验室的流动情况。

　　建立并实施有关样本储存和样本处置的政策。

　　保持样本的完整性，并符合所有相关的法规和要求。

　　宜指定专人负责样本的管理工作。

**关键信息**

· 实验室必须使用符合要求的样本，确保检测的准确性和可靠性，以及检测结果可信度。

· 样本管理直接影响患者的护理和疗效。

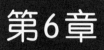

第6章

# 过程控制：质量控制简介

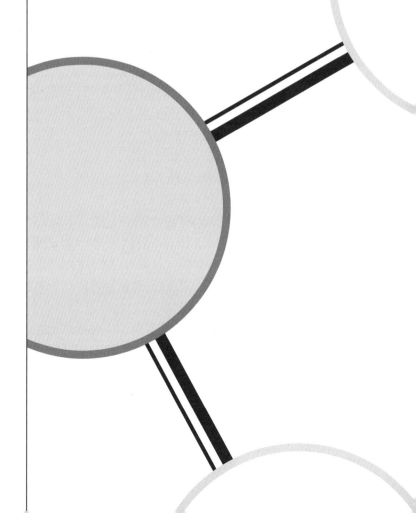

概述

**在质量管理体系中的作用**

过程控制是质量管理体系的重要组成部分，是为确保检测结果的准确性和可靠性，对样本处理和检验（分析）过程进行控制的活动。而样本管理（第5章）与所有质量控制（quality control，QC）的过程均属于过程控制的一部分。

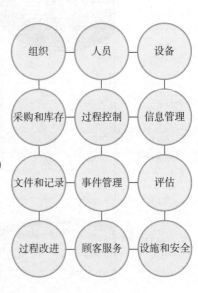

QC对检测中的检验（分析）阶段进行监测。QC的目标是在报告患者结果前对过程进行核查、评估并纠正错误（如检测系统故障、环境条件及人员操作导致的错误）。

**何为QC**

QC是质量管理的一部分，致力于满足质量要求［ISO 9000：2000（3.2.10）］。简而言之，QC是指通过"已知"物质作为控制材料，与患者样本同时检测该物质，以监测整个分析过程的准确性和精密性。基于实验室认可的目的，QC必不可少。

1981年，世界卫生组织（World Health Organization，WHO）使用术语"室内质量控制"（internal quality control，IQC），将其定义为"一组持续评估实验室工作和失控结果的程序"。而术语QC和IQC有时会互换使用，不同的文化背景和国家/地区影响着使用以上术语的偏好。

近年来，因"室内质量控制"相关术语的含义不尽相同，某些情况使用"室内质量控制"易令人产生困惑。某些试剂盒制造商在定性检测产品内设计了"内置"质控，即内部控制品（internal controls）。也有一些制造商在出售产品时包括了自身的质控材料，并将其称为"内部质控"，即产品专用质控材料。还有一些人将任何在检测批内联合使用的质量控制物质均称为IQC，正如1981年WHO对IQC的定义一样。

为避免混淆，本手册使用的"质量控制"术语表示使用控制材料以监测检测中所有与检验（分析）阶段相关过程的准确性和精密性。

**不同试验方法的QC**
依据实验室使用的试验方法不同，QC过程亦有所不同。试验方法包括定量、定性、半定量，三者区别如下。

- 定量试验可测量样本内分析物的含量，测量结果应准确并精密。测量结果最终为数值，以特定的测量单位表示。例如，血糖试验结果报告为0.28 mmol/L（5 mg/dl）。

- 定性试验是指测量某种物质存在与否或评估细胞特征（如形态）的检查。结果不是数值，而是用定性术语表示，如"阳性"或"阴性""反应性"或"非反应性""正常"或"异常""增长"或"未增长"。定性试验包括显微镜检查、血清学抗原抗体试验及微生物学检查。

- 半定量试验与定性试验相似，结果表达形式为非定量。不同之处在于半定量试验的结果是被测物的估计。结果可用"微量""中等量"或"1+、2+、3+"等术语表示。例如，尿液试纸试验、酮体片剂试验及某些血清学凝集试验。在某些血清学试验中，结果通常使用效价（具体为数字）来表示，同样相关结果仅为估计值而非分析物的确切含量。

由于结果报告的是每个低倍视野或高倍视野下所见细胞数量的估计值，因此，某些显微镜检查常被认为属于半定量试验。例如，尿液显微镜检查报告每个高倍视野下可见 0 ～ 5 个红细胞。

鉴于不同类型试验方法的质量控制程序不同，QC介绍将分为2个章节。第7章讨论定量试验的QC，第8章讨论定性试验与半定量试验的QC。

**QC程序的组成**

不管运行何种检验方法，建立和实施QC程序的步骤如下。

- 建立书面化的QC方针（政策）和过程，包括纠正措施。
- 培训实验室人员。
- 确保有完整的程序文件。
- 审核QC数据。

以上内容将在第7章、第8章详细阐述。

**总结**

- QC是质量管理体系的一部分，用于监测检验（分析）阶段。
- QC的目标是在报告患者结果前对过程进行核查、评估并纠正错误（如检测系统故障、环境条件、人员操作导致的错误）。
- 定量试验、定性试验和半定量试验实施不同的QC过程。

第7章

过程控制: 定
量试验的质量
控制

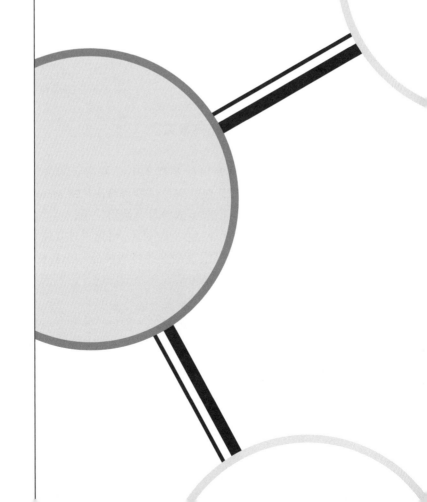

## 第1节　概述

**在质量管理体系中的作用**

质量控制（quality control，QC）是过程控制的组成部分，是质量管理体系的关键要素。QC对检测中与检验相关的过程进行监测，从而发现检测系统中存在的误差。这些误差可能来源于检测系统失效、不良环境条件或人员操作。QC使实验室确信报告患者的检测结果是准确可靠的。

本章阐述了如何将QC方法应用于定量实验室检验。

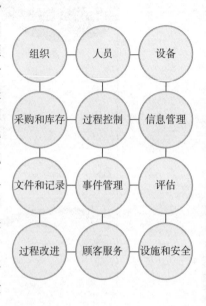

**过程概述**　　定量试验可检测样本中某种物质的含量，产生数值结果。例如，血糖定量试验可得出0.28 mmol/L（5 mg/dl）的结果。由于定量试验具有数值结果，因此，可将统计学方法应用于质控品结果分析。可通过计算质控品的可接受限值建立的界限范围，并将质控品和患者样本一起检测，观察质控结果是否落在界限范围内，以判断每批检测是处于"受控状态"还是"失控状态"。

作为质量管理体系的一部分，实验室应建立所有定量试验的QC程序。利用定量质量控制评估每批检测过程，让实验室能够确定患者的结果是否准确可靠。

| | |
|---|---|
| **过程实施** | 实施QC程序的步骤如下。<br>· 建立方针（政策）和程序文件。<br>· 分配监控和核查的职责。<br>· 培训所有员工，正确遵循方针（政策）和程序文件。<br>· 选择优质的质控品。<br>· 建立所选择质控品的控制范围。<br>· 建立质控图，绘制控制值，这些图表称为Levey-Jennings图。<br>· 建立监控质控值的系统。<br>· 必要时立即采取纠正措施。<br>· 保留QC结果和采取纠正措施的记录。 |

## 第2节　质控品

**质控品的定义**

　　质控品是包含确定量值的被测物质（分析物）的一类材料。质控品与患者样本应以相同方式同时检测。质量控制的目的是为了确认检测系统的可靠性，并评估可能影响检测结果的员工操作和环境条件。

**区分质控品和校准品**

　　应注意不要混淆校准品和质控品。校准品是指在开始检测之前对仪器、试剂盒或系统进行参数设置或校准，具有确定浓度的溶液。校准品通常由仪器制造商提供，主要用于仪器参数设置，原则上不应将校准品用作质控品。校准品有时也被称为"标准品"，但通常称谓是"校准品"。它们与患者样本的性质不一样。

**质控品的特征**

　　选择合适的质控品至关重要。在选择时应考虑质控品的以下重要特征。

- 质控品应适用于目标诊断试验。试验所检测的物质必须以可量化的形式存在于质控品中。
- 质控品的分析物含量应接近检测的医学决策点（临界点）。质控检测应包括低值质控品和高值质控品检测。
- 质控品应与患者样本具有相同的基质，通常质控品是血清为基础，但也可能会基于血浆、尿液或其他物质。

　　持续数月使用相同的质控品的质控效率更高，因此，最好储存较大量的质控品。

**质控材料的种类和来源**

　　质控品有多种形式。可以使用冷冻、冻干或化学方法保存。冷冻干燥或冻干的质控品必须重新配制，在移液时需要格外小心，以确保分析物的浓度准确。

　　可以从中心实验室或参比实验室购买质控品，也可通过合并不同患者的血清自制质控品。

购买的质控品有2种形式：一种是具有已知检测值的定值质控品；另一种是无检测定值的未定值质控品。定值质控品具有生产商确定的预定目标值。当使用定值质控品时，实验室应采用自己的方法验证该值。通常定值质控品的价格比未定值质控品更高些。

当使用未定值质控品或自制的质控品时，实验室必须确定分析物的目标值。

实验室使用自制质控品时，需要对自制质控品进行确认和标定定值。自制质控品的优点是实验室可以按制定的参数规格生产大量的质控品。

**质控品基质通常是血清，处理时应采取防护措施。**

**选择质控品**

为特定方法选择质控品时，应选择覆盖医学决定水平量值的质控品，例如，具有正常值的质控品，以及在医学范围内有意义的高值或低值质控品。

质控品通常有"高""正常"和"低"值范围。下图显示的是正常、异常高、异常低、极高和极低范围。对于某些检测方法，质控品中包含接近检测低限的质控品可能最重要。

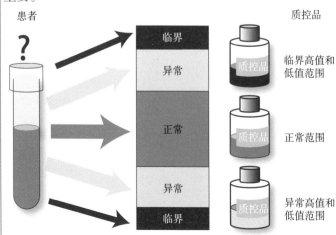

**质控品的准
备和储存**

　　在准备和储存质控品时，请务必遵守制造商的复溶和储存说明要求。如果使用自制质控品，则将等分包装的质控品冷冻并放入冰箱，以便每天少量解冻并取用。请勿反复冻融质控品。应监控并保持冷冻室温度，以避免任何冷冻质控品中的分析物降解。

　　采用移液器将准确定量的稀释液加注到待复溶的冻干质控品中。

## 第3节　建立质控品检测值范围

**持续分析质控品**

　　实验室购买或准备好合适的质控品，下一步就是确定质控品检测结果的可接受值范围，并用于了解试验检测过程是否处于"在控"或质控品未被正确检测的"失控"状态。确定质控品检测结果的可接受值范围需要通过不断反复对质控品进行检测来实现，通常在20～30天的时间段，至少需收集20个数据点。在收集这些数据时，要确保涵盖日常运行流程中可能发生的任何变异，例如，如果不同的操作人员均参与正常检测，则每个人的那部分检测数据都应被收集。

　　实验室收集数据后需要统计收集数据的平均值和标准差。重复检测的特征是存在一定程度的变异。变异可能是由于操作人员的技术、环境条件或仪器的性能所致。即使控制好以上列出的所有因素，存在某些变化也正常。标准差给出了变异的量度。这一过程如下图所示。

获取质控品

每个质控品在30天内
检测20次

计算均数和1、2、3倍的
标准差

　　3 SD
　　2 SD
　　1 SD
　　平均数
　　1 SD
　　2 SD
　　3 SD

**QC程序的目的之一是区分正常变异和误差。**

| 重复测量的特征 | 通过重复检测质控品量化变异，并建立一个正常值变异范围，以降低发生误差的风险。 |
|---|---|

重复测量所产生的的变异，通常将围绕在中心点或某个区域，这种特征被称为集中趋势。

集中趋势的3个度量是众数、中位数和均值。

· 众数：最常出现的数字。

· 中位数：数值按数字顺序排列时的中心点。

· 均值：结果的算术平均值。平均值是实验室QC中最常用的集中趋势的度量。

**统计符号**　统计符号是数学公式中用于计算统计度量的符号。在本章中出现的重要符号如下。

$\sum$　求和

N　数据点（结果或观察值）的数量

$X_1$　1个独立结果

$X_1 \sim X_n$　数据点 $1 \sim n$，其中n是最后一个结果

$\overline{X}$　均值的符号

$\sqrt{}$　数据的平方根。

**均值**　均值的计算公式是：

$$\overline{X} = \frac{X_1 + X_2 + X_3 \cdots X_n}{N}$$

以酶联免疫吸附试验（enzyme-linked immunosorbent assay，ELISA）为例，计算平均值的方法是收集质控品检测S/CO值，将检测值相加并除以测量次数。

**在计算QC范围之前**　通过检测QC样本获得20个数据点的目的是量化常规变异，并建立QC样本的检测值范围。

如果在一组数据中1个或2个数据点似乎太高或太低，则在计算QC范围时不应将它们包括在内。它们被称为"异常值"。

· 如果20个数据点中有2个以上的异常值，则说明数据存在问题，不应使用。

· 确定并解决问题，然后重复数据收集。

**正态分布**

如果进行了多次测量，并将结果绘制在图形上，则结果将形成在平均值附近变化的钟形曲线。这被称为正态分布（也称为高斯分布）。

如果在x轴上绘制数据点，并在y轴上绘制数据点的频率，可以看到数据的分布状态如下图所示。

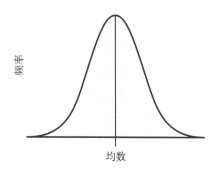

图中所示的正态曲线，实际上是在绘制大量测量值时所获得的理论曲线。根据这一理论，用于定量QC的测量类型被认为呈正态分布。

**准确性和精密度**

如果多次重复测量，则结果的平均值将非常接近真实的平均值。

准确性是指测量结果与真实值之间的接近程度。

精密度是指测量结果中存在的变异幅度。

· 一组测量值的变异越小，则精密度越高。

· 测量越精密，曲线宽度越小，因为测量值都更接近均值。

偏倚是指检测结果的期望值与公认的参考方法结果之间的差值。

一种方法的可靠性是根据准确性和精密度来判断的。

**靶图**

描述精密度和准确性的一种简单方法是，将靶心看作目标，靶心代表可接受的参考值，它是真实的、无偏倚的值，如果一组数据聚集在靶心周围，则这组数据是准确的。

命中点之间的距离越近，它们就越精密，如下图所示。

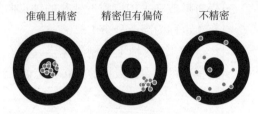

准确且精密　　精密但有偏倚　　不精密

准确=精密且不偏倚

如左边的图所示，如果大多数命中都在靶心之内，则既精密又准确。中间的图是精密的，但不准确，因为它们虽然聚集在一起，但并不在靶心区域。而右边的图显示的是一组不精密的数值。

如果这些值靠得很近但没有碰到靶心，则测量可能是精密的，但不是准确的，这些值被认为是有偏差的。中间图展示了一组精密但有偏差的测量。

**QC的目的是在发布患者结果之前监控实验室检测的准确性和精密度。**

**变异的测量**　　临床实验室采用的检测方法可以显示出均值的变异程度不同，有些检测方法比其他的方法更为精密。为确定变异的可接受范围，实验室必须计算20个质控值的平均值和标准差（SD）。正态分布的一个特征是当测量值呈正态分布时：

· 68.3%的值将落在平均值的－1 SD和＋1 SD之间。

· 95.5%的值落在－2 SD和＋2 SD之间。

· 99.7%的值落在平均值的－3 SD和＋3 SD之间。

所有的正态分布都具有上述特征，实验室可根据这些特征建立质控品的质控范围。

在计算了一组数据的平均值和标准差之后，与患者样本一起检测的质控品检测值也应落在质控范围内。

**标准差**　　　SD是表示一组结果数据的变异的度量。SD对实验室分析QC结果非常有用。

SD的计算公式是：

$$SD=\sqrt{\frac{\sum (X_1-\overline{X})^2}{n-1}}$$

一组数据各独立数据点（值）的数量用"n"表示。计算平均值时将独立数据点的数量减少至n-1，除以n-1可减少偏差。

**计算质控可**　　　需要平均值，以及±1 SD、±2 SD和±3 SD的值来**接受限**　建立质控图，用于每日质控值的绘制。

- ·计算2 SD，请将SD乘以2，然后，从平均值中加和减去这个结果。
- ·计算3 SD，请将SD乘以3，然后，从平均值中加和减去这个结果。

对于任何给定的数据点，68.3%的值介于±1 SD之间，95.5%的值介于±2 SD之间，99.7%的值介于±3 SD之间。

当仅使用一个质控品时，如果值在±2 SD以内，我们认为该批检验是"在控"的。

**变异系数**　　　变异系数（coefficient of variation，CV）是以SD占平均值的百分比表示。

$$CV（\%）=\frac{CV}{平均值}\times 100$$

CV常被用于监控精密度。当实验室从一种分析方法变为另一种分析方法时，CV是可用于比较方法精密度的指标之一。理想情况下CV值应＜5%。

## 第4节　以图形方式表示的质控范围

使用图形进
行分析和监
控
为作Levey-
Jennings图
建立数据
Levey-
Jennings图

建立合适的质控值范围之后，实验室可用图形的方式表示该范围，这对于日常监控非常有用。常用的制图方法是使用Levey-Jennings图。

为了建立实验室日常使用的Levey-Jennings图，第一步是计算一组20个质控值的平均值和SD，如第3节所述。

然后，可以绘制Levey-Jennings图，在图上显示平均值，以及±1 SD、±2 SD和±3 SD。如下图所示，通过在图中间绘制一条线来显示平均值，SD以适当的间隔在图上绘制一条水平线标记。

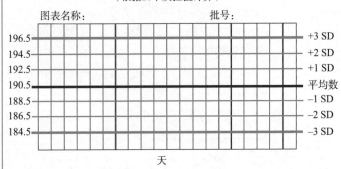

此Levey-Jennings图是使用20次重复测量的质控值得出的。为了使用Levey-Jennings图记录和监控每日质控值，可在x轴上标记天数、运行次数或其他QC运行的间隔。在图表上还应标记试验名称和所用质控品的批号。

## 第5节 质控数据的解读

**标记质控值**

目前，随患者样本一同检测的QC样本可用于判断日常检测批次是否在控。需要注意质控品必须与每组患者样本一起检测。

检测质控品并将检测值绘制在Levey-Jennings图表上。如果该值在±2 SD内，则检测过程处于可以接受的"受控"状态。

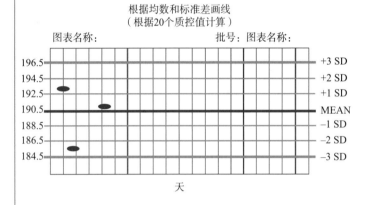

根据均数和标准差画线
（根据20个质控值计算）

图上的值是图表制作后第1、第2天和第3天运行的值。在这个实例中，第2个值是"失控"的，因为它落在2 SD之外。

当仅使用一个QC样本时，如果该值在2 SD之外，则可认定该批检测处于"失控"状态，必须拒绝该批次结果。

**使用的质控品数量**

如果只能使用一种质控品，应选择一个检测值处于待测分析样本正常范围内的质控品。在评估结果时，接受所有质控点位于±2 SD内的检测批次。使用此系统的过程中正常值将有4.5%的概率会被拒绝。

为了提高检测工作效率和检测结果的准确性，可以在每次（批）检测时采用2个或3个质控品。同时采用另一组规则可避免有效的检测结果被拒绝接受。这些规则由临床化学家James Westgard应用于实验室QC。Westgard多规则系统要求为每组试验检测2个具有不同目标值的质控品，之后建立各自的Levey-Jennings质控图并将Westgard多规则应用其中。

每次（批）检测时使用3个质控品，更有利于保证检测精密度。采用3个质控品时，应尽量选择低值、正常和高值质控品。对于采用3个质控品的系统，Westgard规则也同样适用。

**检测误差**    检测过程中发生的误差可能是随机误差，也可能是系统误差。

如果存在随机误差，则QC结果会发生变化，但不会显示任何规律。通常这种类型的误差并不反映检测系统的某些部分出现失效，因此，不太可能重复出现。如果QC结果偶尔 > ±2 SD，则导致误差的原因很可能是随机误差。

系统误差是不可接受的，因为它表明系统中产生了某些失效，应该予以纠正。提示出现系统误差的证据包括漂移和趋势。

· 漂移：当质控值连续5次位于均值的同一侧时。

· 趋势：当质控值朝一个方向移动，出现超出质控限的移动趋势。

即使质控值落在2 SD之内，也可能引起关注。Levey-Jennings图可以帮助区分正常变异和系统误差。

**漂移和趋势**    漂移意味着发生了诸如6个或更多连续的QC结果落在均值一侧的突然变化。但这些质控值通常会落在95%区间的范围内，集中在新的均值周围。当第6次发生这种变化时，即可称为一次漂移，相关的结果也将被拒绝。

在6个或更多的检测批次中出现质控值逐渐持续性地沿着一个方向移动时，就出现了趋势变化。趋势可能表现为越过平均值，也可能仅出现在平均值的一侧。而在第6次出现并确定为趋势时，相关结果也将被拒绝。

在报告患者样本之前，必须对问题的根源进行调查分析和纠正。

**测量不确定度**

由于测量过程存在变异，测量真值存在不确定性。不确定度代表对测量真值合理期望的一个数值范围。在大多数情况下，测量不确定度通过"95%置信区间"估计。很多时候，±2 SD的范围被用于测量不确定度，且该范围内的测量不确定度可以用随机变异来解释。

但是，变异程度还取决于所使用的方法。更精密的方法具有较小的不确定度，因为在95%控制限以内的变异较小。

实验室应尽量使用精密度高的方法，并始终遵循标准操作程序。

## 第6节    质量控制信息的使用

**当QC超出范围**

如果检测中使用的质控样本超出可接受范围，则该批检测被视为"失控"。发生这种情况时，实验室必须遵循以下几个步骤。

· 应停止检测过程，技术人员必须立即尝试找出问题，并予以纠正。

· 一旦确定可能的误差来源并进行了更正，则应重新检测质控品。如果重新检测质控品的结果正确，则应重新检测患者样本和QC样本。不要简单地重复检测，而不寻找误差来源和采取纠正措施。

· 在问题未解决，并且质控结果未表明检测性能正常之前，不得报告该患者结果。

**问题解决**

当试图解决QC问题时，应制定补救措施的政策和程序。通常设备或试剂的制造商都会提供有用的指导或问题排除指南。

需要考虑以下可能存在的问题。

· 试剂或试剂盒的降解。

· 质控材料降解。

· 操作人员失误。

· 未遵守制造商的说明书。

· 过时的程序手册。

· 设备故障。

· 校准错误。

## 第7节　总结

**总结**　　　定量试验的QC程序对于确保实验室检测的准确性和可靠性至关重要。实验室必须建立一个监控所有定量试验的QC程序。该程序是提供给全体实验室工作人员参照执行的书面政策和工作步骤。

　　　管理QC程序的总体责任通常是由质量管理者负责。质量管理者需定期监控和审查所有的QC数据。QC数据必须完整记录且易于访问。

　　　对于定量试验，可以将统计分析方法用于监控实验过程。使用Levey-Jennings图可以为监控提供非常有用的可视工具。

　　　当质控超出受控范围时，在报告患者结果之前，必须排查可能存在的问题，并采取纠正措施。因此，有效的问题排查和纠正措施方案是QC过程的重要组成部分。

**关键信息**　　· QC程序使实验室能够区分正常的随机误差和系统误差。

　　· QC程序能够监控实验室的检测准确性和精密性。

　　· 如果检测的QC结果超出受控范围，则不可发放患者的检测结果报告。

第8章

过程控制：定性试验和半定量试验的质量控制

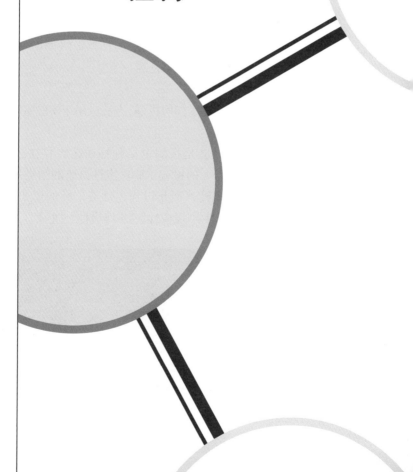

## 第1节 概述

**在质量管理
体系中的作
用**

质量控制（quality control, QC）是过程控制的组成部分，是质量管理体系的关键要素。QC对检测中与检验阶段相关的过程进行监控，能够发现检测系统中的误差。这些误差可能来源于检测系统失败、不良环境条件或操作员操作。在患者检测报告发放之前，QC能够使实验室确信检测结果是准确、可靠的。

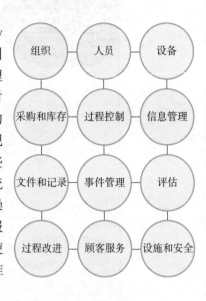

本章阐述了如何将QC方法应用于实验室定性试验和半定量试验。

**定性试验和
半定量试验**

定性试验是指测量某种物质是否存在或评估细胞特征（如形态）的检查试验。定性试验的结果不是以量值的数字形式表达，而是以描述性或定性的形式表达，例如，"阳性""阴性""反应性""非反应性""正常"或"异常"。

定性试验包括显微镜检查细胞形态或是否存在寄生生物，是否存在抗原和抗体的血清学检测，以及某些微生物学检测和某些分子生物学技术。

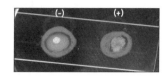

半定量试验类似于定性试验，检测过程不能测量物质的准确数量，不同之处在于半定量试验的结果表达是对待测物质含量的估值。此估值有时报告为数字。因此，半定量试验的检测结果可能表示为"痕量""1+、2+或3+"，或以1∶160（滴定度或稀释度）呈阳性。半定量试验包括尿液试纸检测、酮片剂检测和血清凝集试验。

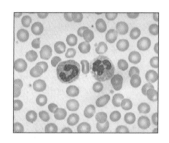

一些显微镜检查被认为是半定量检验，因为结果报告为每个低倍视野或高倍视野中可以看到的细胞数量的估计值。例如，尿液显微镜检查可能报告每个高倍视野中可见0～5个红细胞。

**重要概念**　　与定量试验一样，在向申请检测的医疗服务提供者报告检测结果之前，验证定性和半定量检测结果的正确性至关重要。

许多定性试验和半定量试验的QC并不像定量试验那样容易。因此，除了传统的QC方法外，必须认真执行质量体系中与QC相关的过程。以下是一些适用于定性试验和半定量试验的重要质量概念。

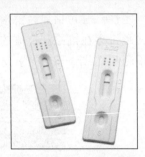

- 在所有实验室的检测中，样本管理十分重要。活生物体样本的检查，实验室需要对样本进行更加严格的监管，并与样本采集及运输相关的非实验室人员进行有效的沟通（请参阅第5章）。
- 员工的敬业和专业能力，以及对QC原则的理解是保证检测质量的关键。
- 孵育器、冰箱、显微镜、高压灭菌器和其他设备必须认真维护和监控（请参阅第3章）。
- 必须使用阳性和阴性对照来监控检测过程的有效性，这些检测过程包括使用特殊染色剂或试剂，凝集、变色或其他用非数值表达检测结果的实验。
- 试剂应按照试剂说明书要求进行储存，标明打开和使用的日期，并在失效日弃置（请参阅第4章）。
- 保留所有QC过程和纠正措施的记录，这对持续改进实验室质量体系非常重要（请参阅第16章）。
- 出现质量问题时，需进行原因分析调查，并采取纠正和预防措施，然后重复检测患者样本（请参阅第14章）。

**如果QC结果不符合预期，不可报告患者结果。**

## 第2节 质量控制材料

**质控品类型**　　定性试验和半定量试验可以使用各种不同的质控材料。这些质控材料可以是内置的（板上或程序内）质控品，与患者样本同质的传统质控品或用于微生物检查的储存菌株。

**内置质控品**　　内置质控品是集成到检测系统（如试剂盒内试验装置）中的质控品。通常会在试验载体上设定区域进行标记，此区域通过显现彩色线条、条形或圆点，指示阳性和阴性对照是否成功或失败。这种质控可在每次检测时自动完成。制造商的产品说明书可能将此描述为检测过程质控、板内质控或内部质控。

　　大多数内置质控仅监控检验阶段的一部分。不同的试验在监控内容上也会有所不同。例如，某些试剂盒的内置质控可能表明已加入试验装置中的所有试剂均处于反应状态且试验正常，而另一些试剂盒的内置质控可能仅表明样本和试剂已被正确添加。因此，需务必仔细阅读制造商提供的说明书，了解内置质控的监控方式，以确定是否需要增加其他的质控方式。

　　带有内置质控的试剂盒主要包括检测抗原或抗体是否存在的快速检测试剂盒。例如，感染性疾病［人类免疫缺陷病毒（human immunodeficiency virus，HIV）、流行性感冒、莱姆病、链球菌感染、传染性单核细胞增多症］、吸毒、妊娠或粪便隐血检测试剂盒。

　　尽管内置质控为检测质量提供了一定程度的可信度，但并不能监控所有可能影响检测结果的因素。建议定期检测与患者样本同质的传统质控品，以增加检测结果的准确性和可靠性。

**在某些试剂盒中，内置质控又称内部质控。**

**传统质控品**

　　在制备传统质控品时模拟了患者样本的性质。它们与患者样本一起检测，可用于评估检验的过程。阳性质控品具有已知的反应性，而阴性质控品不具有反应性。质控品应具有与患者样本相同的组成或基质，包括黏度、浊度和颜色，以便正确评估检测的性能。通常，质控材料初始是一种冻干的状态，在使用前需要重新配制。部分试剂制造商可能会在试剂盒内提供这些质控品，否则实验室需要单独购买。

　　传统质控比内置质控更广泛地应用于检测过程。它们可以评估整个检测系统的完整性、物理检测环境（温度、湿度、空间）的适宜性，以及检测人员操作的正确性。

　　建议定性试验和半定量试验中使用阳性和阴性质控品，包括一些使用特殊染色剂或试剂的试验，以及采用凝集或变色为最终结果的检测试验。通常质控品应在每批检测试验中使用。质控品还可用于新试剂盒或试剂的质量验证，以检查储存和检测区域温度对试剂的影响。另外，质控品也可用于评估新检测人员的操作。

　　使用传统质控方法对定性试验或半定量试验进行质量控制时，需要注意以下事项。

- 应使用与检测患者样本相同的方式进行质控品检测。
- 应使用阳性和阴性质控品，最好每天的检测都开展一次质控或至少按照试剂生产商建议的频次进行。
- 应选择接近检测临界值的阳性质控品，确保能检测出弱阳性反应样本。
- 对凝集试验，应采用弱阳性、阴性和较强阳性质控品对凝集试验过程进行质量控制。
- 对有提取过程的试验（例如，某些快速的A组链球菌检测），应选择能够监测提取过程中错误的质控品。

**储存菌株**

微生物学QC要求使用有预期反应的活的质控菌株，以验证菌株、试剂和培养基是否正常。这些活的质控菌株必须方便取用和储存。每次微生物学检测，均应同时检测具有阳性和阴性结果的微生物质控品。

下列组织可提供参考菌株，也可从当地分销商处获得。

· 美国模式培养物集存库（ATCC）。

· 国家模式培养物集存库（英国NTCC）。

· 巴斯德研究所集存库（法国CIP）。

购买的参考菌株通常是冻干品（状态），并在冰箱内保存。冻干品一旦完成复溶和平板接种纯度检查，就可以作为QC的工作培养物。

一些实验室可能选择使用自己实验室的分离株进行QC。如果是这样，则应对过程进行密切监控，以确保检测反应在长时间里始终一致。

## 第3节 染色的质量控制

**使用染色的流程**

在许多定性试验和半定量试验过程中，需要使用染色剂来评估细胞、寄生虫或微生物的微观形态或确定其是否存在。染色被广泛用于血液学、尿液分析、细胞学、组织学、微生物学、寄生虫学等领域的显微镜检查，可为初步或确定诊断提供参考信息。

微生物学检查经常使用永久性染色剂。例如，吖啶橙、三色染色和铁苏木精常用于粪便寄生虫检查，吉姆萨染色剂常用于疟疾筛查。革兰染色剂常用于鉴定菌落和样本中的细菌和酵母菌。抗酸染色主要用于结核分枝杆菌的初步诊断，因为这种细菌的生长周期长，一些实验室无法开展结核分枝杆菌（TB）培养，只能依靠抗酸涂片为患者提供最终诊断。采用湿片法时，碘溶液可用于检查粪便样本中的包囊和虫卵，氢氧化钾制剂则可用于检查真菌成分。

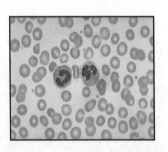

血液涂片的检验需要使用染色剂，使红细胞、白细胞、血小板形态及细胞内含物清晰可见。区分血液中的细胞形态最常使用Wright染色，而某些血液学检查需要用特殊的染色来区分感染和白血病。

细胞学和组织学检查需要各种各样的染色剂，它们为疾病的诊断提供了有用的信息。此外，还有许多其他染色剂具有一些特殊用途。

实验室染色的QC共性要素相同，应正确制备和保存染色剂并检查，以确保其性能符合预期。许多依赖于染色的显微镜检查对许多疾病的诊断至关重要。

**染色剂管理**

一些染色剂可以从市场上购买，但某些染色剂必须由实验室按照既定流程制备。在染色剂制备完成后，其保存容器上应标识有以下信息。

· 染色剂名称。

· 浓度。

· 制备日期。

· 启用日期。

· 有效期/保质期。

· 制备者的姓名首字母缩写。

应使用一本日志用于记录每个染色剂的使用情况，包括批号、收货的日期，这样方便实验室管理。一些染色剂易变质，并失去正确染色反应的能力，因此，必须在标签上注明失效日期。

染色剂应以正确的温度保存在合适的染色瓶中。某些染色剂应避光保存。在某些情况下，工作溶液可由储存液制备。如果是这样，应认真监控工作溶液的制备和保存。

**质量控制**

应每天使用阳性和阴性的QC材料检查染色剂，以确保试剂有效，并能达到预期的效果。在大多数情况下，对每批患者涂片检查时，都应对阳性和阴性质控品进行染色以监控试验过程。每次试验都须记录所有的QC结果。

应检查染色剂中是否有沉淀或晶体形成，以及细菌污染。在显微镜染色检查试验中，染色剂储存液和工作溶液的质量是获得良好检查质量的基本因素。

**请注意，许多染色剂是有毒化学制剂，因此，在使用时应采取适当的安全防护措施。**

## 第4节　微生物培养基的质量控制

**QC对于培养基必不可少**

　　微生物学实验室使用的培养基质量对于获得最佳和可靠的结果至关重要。QC程序可以确认培养基在使用前没有被污染，并且可确认培养基支持被接种的微生物的生长。

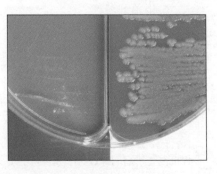

**验证性能**

　　应通过适当的质量控制方法来验证实验室使用的所有培养基的性能特征。对于自制的培养基，必须对制备的每个批次都进行评估；对于所有商品化的培养基，需对每个新批号进行性能验证。

　　在任何情况下，对自制和购买的培养基应谨慎开展以下检查。

- ·无菌：使用前需孵育过夜。
- ·外观：检查浊度、干燥度、培养层的均匀度、异常颜色。
- ·pH。
- ·支持生长的能力：使用储存菌株。
- ·能够给出正确的生化结果的能力：使用储存菌株。

**使用质控菌株进行验证**

　　实验室必须拥有充足的储存菌株，用于检查所有的培养基和检测系统。其中一些重要的储存菌株和培养基包括大肠埃希菌、金黄色葡萄球菌及淋病奈瑟球菌。

- 大肠埃希菌（ATCC 25922）：MacConkey 或曙红亚甲基蓝，以及一些抗菌药敏试验。
- 金黄色葡萄球菌（ATCC 25923）：血琼脂、甘露醇盐和一些抗菌药敏试验。
- 淋病奈瑟球菌（ATCC 49226）：巧克力琼脂和 Thayer-Martin 琼脂。

对于选择性培养基，应接种一种被抑制的对照菌株，还应接种一种可生长的对照菌株。废弃未获得预期结果的批号的培养基。

对于不同的培养基，使用能够产生预期反应的质控菌株接种培养基。例如，将乳糖发酵菌和非乳糖发酵菌都接种到 EMB 或 MacConkey 琼脂上，以验证菌落具有正确的视觉外观。

应注意，在准备制备用于常规培养的培养基时，首选羊血和马血。请勿使用由人血制成的血琼脂，因为它不能显示正确的溶血模式以识别某些微生物，并且可能含有抑制性物质。此外，人体血液可能具有生物危害性。

**自制培养基制备记录**　　对实验室自制的培养基应保持详细的记录。应保持记录日志，日志应包含以下内容。

- 制备日期和制备者的名字。
- 培养基名称、批号和制造商。
- 制备好的板、管、瓶或烧瓶的数量。
- 分配的批号和批次号。
- 颜色、均一性和外观检查结果。
- 用于 QC 的板数。
- 24 h 和 48 h 的无菌测试结果。
- 生长测试。
- pH。

## 第5节　总结

**非数值结果的试验**

　　定性试验和半定量试验是指仅得出非数值结果的试验。定性试验可以检测物质的存在与否或评估细胞的特征（如形态）。半定量试验仅能提供有多少待测物质的估算值。

　　定性试验和半定量试验必须通过QC流程进行监控。这些流程应尽可能使用与患者样本同质的对照。对试剂盒、试剂、染料、微生物培养基的QC可以确保其性能符合预期，因此，只要符合条件就必须开展QC。

　　实验室必须为所有定性试验和半定量试验建立QC计划。在制订QC计划时，应制定政策、培训员工，并分配相应职责，确保所有所需的资源均处于可用状态。应确保所有QC数据记录完整，同时，质量负责人和实验室主任应对信息进行适当的评审。

**关键信息**

- 所有员工都必须遵守QC规范和程序文件。
- 始终记录QC结果、出现的问题和采取的相应纠正措施。
- 如果QC结果不可接受，不可报告患者结果。

# 第9章

## 评估：审核

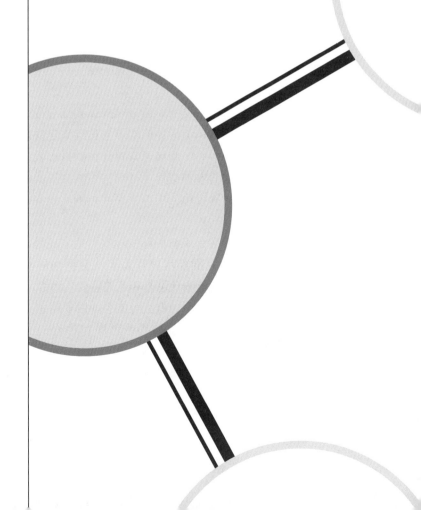

## 第1节　概述

**在质量管理体系中的作用**

评估是质量体系12个要素的重要组成部分。通过内部审核、外部审核、室间质量评价计划（external quality assessment，EQA）对实验室的运行能力进行评价，判断实验室质量管理体系的有效性。本章重点介绍内部审核和外部审核，EQA将在第10章中介绍。

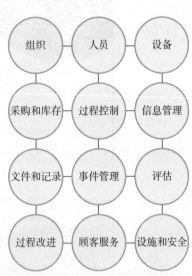

**什么是评估**

评估可以定义为对质量管理体系部分或全部的系统检查，以向所有相关方证明实验室持续满足法规、认可和顾客的要求。中心实验室通常对评估的过程较为熟悉，因为大多数的实验室都会接受外部组织某些形式的评估。但在资源匮乏的国家中，中等水平或外围实验室得到评估的机会相对有限。

无论标准是来自国际、国家、地方还是认可组织，只要是公认的标准都可以作为实验室评估的基础。在这方面，评估与规范和认可是相互关联的（请参阅第11章）。

在评估过程中，有人可能会问以下问题。

· 实验室正在遵循哪些程序和过程？正在采取哪些行动？

· 当前的程序和过程是否符合书面化的政策和程序？到底有没有书面化的政策和程序？

· 书面政策和程序是否符合标准、法规和要求？

**为什么要进行评估**

评估可以采用多种方式，可以在许多不同的情况下进行。国际标准化组织（the International Organization for Standardization，ISO）标准非常详细地说明了评估要求，并且使用"审核"一词代替"评估"。这些术语被认为是可以互换的，可根据用途决定实际需要使用的术语。ISO对审核的定义是"为了获取证据，以确定满足所用标准的程度，所采取的系统、独立、文件化的对其进行客观评估的过程"。

通过评估或审核，实验室可以了解自身与标杆或标准相比较的运行好坏程度。任何差距或不符合之处，都提示实验室的政策和程序是否需要修订，或这些政策和程序是否未得到遵守。

实验室需要获得以下业务运行相关的信息。

· 计划和实施质量体系。

· 监控质量体系的有效性。

· 纠正发现的任何缺陷。

· 努力不断改进。

**内部审核和外部审核**

由实验室外部的团体或机构进行的评估被称为外部审核，包括以认可、认证、执业许可为目的的评估。

实验室可以利用的另一种评估类型是内部审核。即同一实验室内，一个区域的实验室工作人员对另一区域进行评估，这样可以快速、轻松地提供有关实验室运行状况，以及是否符合政策要求的信息。

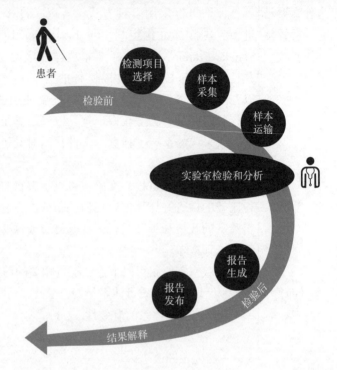

**实验室工作流程审核过程**

审核应包括对整个实验室工作流程中所有步骤的评价。通过审核将有能力发现整个过程中存在的问题。

精心设计的审核活动，其价值在于能揭示出检验前、检验中和检验后阶段的弱点。在审核期间，需要收集有关以下信息。

· 过程和操作程序。

· 员工能力和培训。

· 设备。

· 环境。

· 样本处理。

· 质量控制和结果验证。

· 记录和报告过程。

将审核结果与实验室内部政策，以及标准或外部标杆进行比较，以识别系统中存在的问题或程序的偏离。

## 第2节 外部审核

**外部审核**　　　由实验室外部的团体或机构进行的评估称为外部审核。外部审核机构的一些示例如下。

· 卫生管理部门可以实施实验室评估，以评价实验室的运行质量，以及是否符合执业许可要求和国家法规。评估还可作为强化实验室能力行动计划的一部分或公共卫生计划的需要。

· 认可机构是提供认可或认证的组织。当实验室寻求认可时，需要进行初步审核，以评估其对各项标准的遵守情况。为了保持认可状态，认可机构将需要定期对申请实验室开展审核（请参阅第11章）。

· 大型公共卫生项目或为项目提供资金的机构可以发出审核要求。这些组织希望实验室可以确保质量标准的达成并保持良好的质量实践。国际项目，如世界卫生组织（the World Health Organization，WHO）脊髓灰质炎项目，定期根据自身标准和自定的检查表，对疾病专业实验室进行评估。例如，WHO脊髓灰质炎实验室认可标准和WHO麻疹认可标准。

**标准**　　　在进行外部审核时，评估人员将验证实验室的政策、过程和程序是否已记录在案，并符合既定标准。评估的过程可以使用不同的标准，从国际标准到本地制定的标准均可使用。

实验室管理者必须向审核组证明所有相关标准的要求都得到遵从。

**准备**　　　当实验室进行外部审核时，实验室需要充分准备，确保评估人员和实验室工作人员都尽可能容易地完成评估过程，帮助评估给出最丰富的信息。

准备外部审核必须关注以下问题。

· 完整、细致的计划。

· 提前准备，包括文件和记录，以节省审核时间。

· 让所有员工知晓审核和时间安排，确保审核期间必要人员的在场。

有时，实验室需应对一些无事先通知的外部审核。在这种情况下，实验室将无法进行任何准备，因此，实验室应始终确保其系统运行正常。

**审核报告和行动计划**

审核后，审核人员的建议通常作为口头摘要提交给实验室管理人员和工作人员，并在随后出具详尽的书面报告。在外部审核完成后，实验室应

· 回顾审核员的建议。

· 识别缺陷或不符合，了解尚未满足标杆或标准的地方。

· 制订纠正不符合项的计划。包括实验室需要采取的纠正措施，明确实施纠正措施的时间表和相关责任人。

· 记录所有结果和采取的行动，以便实验室永久保存该项记录。通常一份书面报告对保存所有的相关信息均有用。

## 第3节 内部审核

**目的**

中心实验室的大多数技术人员相对熟悉外部审核，但内部审核的概念对于某些人而言可能是陌生的。

内部审核使实验室能够查看自己的过程。与外部审核相比，内部审核的优势在于实验室可以根据需要进行多次审核，成本却很少。内部审核应成为每个实验室质量体系的一部分，它同样也是ISO标准中所规定的要求[1]。

实验室应定期进行审核。当发现需要探究的问题时也需要进行审核。例如，如果发现能力验证结果表现不佳、特定检测中出现异常结果或异常结果数量增加、预期的检测周转时间增加时，实验室应组织内部审核。

**内部审核的价值**

内部审核是质量管理体系中的重要手段。内部审核可在以下方面帮助实验室。

- 为外部审核做准备。
- 提高员工对质量体系要求的认识。
- 确定需要纠正的差距或不符合之处，并提供改进的机会。
- 了解需要采取预防或纠正措施的地方。
- 确定需要进行教育或培训的领域。
- 确定实验室是否符合自己的质量标准。

**内部审核和ISO**

ISO标准非常重视内部审核，对于那些寻求通过ISO认证的组织（实验室），则需要进行内部审核。ISO要求如下。

- 实验室必须有审核计划。
- 审核员应独立于业务活动。
- 必须将审核记录在案并保留报告。
- 结果必须报告给管理层进行审查。
- 必须及时解决审核中发现的问题，并采取适当的措施。

---

1 ISO 19011: 2002. *Guidelines for quality and/or environmental systems auditing.* Geneva, International Organization for Standardization, 2002.

## 第4节  内部审核计划

**责任**    实验室主任负责制定内部审核计划的总体政策。职责包括为计划分配权限（通常授予质量负责人），为纠正措施的实施提供支持。必须将所有内部审核的结果充分告知实验室主任。质量负责人负责组织和管理实验室内部审核计划，包括为审核设置时间表、选择和培训审核员，以及协调流程。内部审核的后续活动通常由质量负责人负责，包括管理所有的纠正措施。质量负责人必须确保实验室管理人员和员工被充分告知审核结果。

**实验室管理人员和质量负责人的承诺对于成功建立内部审核流程至关重要。**

**过程**    质量负责人或其他指定具备资质的人员应按照以下步骤组织内部审核。

- ·制订正式内部审核计划。
- ·根据选定的准则或标准准备清单。
- ·与全体员工会面，并解释审核过程。
- ·选择人员担任审核员。
- ·收集和分析信息。
- ·与员工分享结果。
- ·准备起草审核报告。
- ·向管理层介绍审核报告。
- ·将审核报告保留为永久实验室记录。

**选择审核区域**    为了方便内部审核，应保持内部审核过程的简易性。应重点关注实验室活动的相关领域，如顾客投诉或质量控制，并将审核范围缩小到相应的特定过程，这将节省时间和精力。应提倡进行短期和多频次的审核，而不是启动一年一次的全方位、大规模的审核活动。

**建立时间表**　　　ISO 15189：2007［4.14.2］指出："质量管理体系的主要要素通常应每12个月接受1次内部审核。"此要求并不意味着需要每年仅进行1次完整的审核。相反，这意味着在1年的时间内，实验室的每个部分都应至少进行1次检查。比起同时进行全面审核，实施一些小型、特定工作区或特定部门的审核要容易得多。

制定在指定的时间内对实验室的某些部分或特定过程进行内部审核的政策。一般而言，可以考虑每隔3～6个月进行1次审核。如果审核发现特殊问题，则可能需要增加审核频次。

**使用的检查表和其他表格**　　为内部审核制定检查表时，应注意以下事项。

· 考虑所有现行的国家政策和标准。例如，大多数国家/地区都制定了人类免疫缺陷病毒（human immunodefi-ciency virus，HIV）和结核病的检测标准。

进行此项检测的实验室需要确保检查表能够反映出这些标准。

· 确保检查表易于使用，并包括可用于信息记录的区域。

· 关注特定检测或过程。无论审核的领域是什么，都应涵盖质量体系的所有方面。如果审核酶联免疫吸附试验（enzyme-linked immunosorbent assay，ELISA），请考虑人员能力、设备维护、样本处理，以及与这些检测相关的质量控制。

记录纠正措施和报告可以使用各类表格。

**选择审核员**　　实验室启动内部审核计划的第一步是选择审核员。审核员必须独立于被审核的区域，这一点非常重要，且是ISO标准的重要要求。对此，可以考虑以下2个方面。

· 人员配备和技术专长水平：根据审核领域的不同，可能会有许多类型的人员适合进行审核。例如，如果实验室正在研究安全问题，则医院的安全专家甚至后勤专家都可能是合适的人选。

· 是否聘用顾问：这可以纳入内部审核范畴。审核是由实验室自己计划的，没有任何外部限制，但实验室为特定审核所聘请的顾问或同仁将帮助实验室审核。

**实验室中任何知识渊博的人都可以执行内部审核，而不仅仅是负责人或主管。**

**审核员的重要技巧**

在决定审核人员的过程中，应考虑为获得良好审核结果所需的各种技巧。好的审核员需要具备以下能力。

· 注意细节：例如，检查有效期，打开并检查冰箱和存储区域。

· 能够进行有技巧、有效果的沟通：沟通手段是一项重要技能，因为在审核过程中容易让对方感受到被批判。

选择的审核员必须具备评估审核领域所需的技术技能，必须对实验室的质量管理体系有充分的理解。一些员工可能在有限的领域内具有专门知识，例如，样本运输或后勤服务，但他们仍可在这些领域担任审核员。应向将要担任审核员的人员提供一些有关如何进行审核的内部培训。

如果审核员选择不当，审核的效率将大大降低。

## 第5节 审核后应采取的行动

**审核应带来行动的改变**

审核应带来行动的改变，这是实验室开展审核和推动持续改进过程的原因。

审核为实验室提供帮助发现改进的机会（opportunities for improvement，OFI）。预防和纠正措施都是为了改进过程或纠正问题。

应保留改进机会的记录和所采取的措施。预防和纠正措施均应在约定的时间内执行，通常由质量负责人落实这些措施。

**解决问题**

问题的原因有时不明显或不容易发现，在这种情况下，可能需要一个团队来解决问题。

· 寻找根本原因。

· 建议采取适当的纠正措施。

· 执行既定的行动。

· 验证纠正措施是否有效。

· 对过程实时监控。

监控过程的所有操作和发现都应做好记录，以便实验室可以从活动中得到学习机会。

纠正措施表

采取纠正措施的原因

___事件 日期：____ 时间：____
___室内评估 日期：____ 时间：____
___室间评估 日期：____ 时间：____

说明问题或发现（发生情况和原因）

报告人（员工姓名）

采取的纠正措施（采取何种措施防止再次发生？）

**持续监控**　　　　持续监控是质量体系成功的关键要素。通过这一过程，我们能够实现持续改进，这是我们的总体目标。

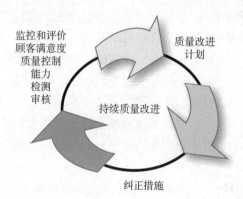

## 第6节 总结

**总结**　　评估对于监控实验室质量管理体系的有效性非常重要，外部审核和内部审核都可以提供有用的信息。审核可用于识别实验室中存在的问题，并改进流程和程序。评估的结果是找到问题的根本原因，并采取纠正措施。

**关键信息**
- 所有实验室应建立内部审核计划，并定期实施内部审核。它将为实验室持续改进提供信息。
- 发现问题可以成为改进的机会。

第10章

评估：室间质
量评价

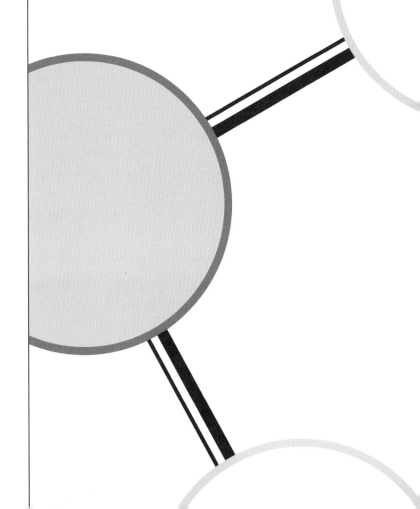

## 第1节　概述

**在质量管理体系中的作用**

评估是实验室质量管理的重要方面，可以通过多种方式进行。室间质量评价（external quality assessment，EQA）是常用的评估方法之一。

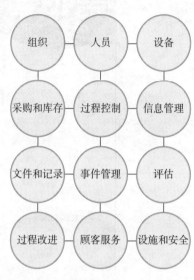

| 组织 | 人员 | 设备 |
| 采购和库存 | 过程控制 | 信息管理 |
| 文件和记录 | 事件管理 | 评估 |
| 过程改进 | 顾客服务 | 设施和安全 |

**EQA 的定义**

EQA 是一种将实验室检测结果与外部溯源实验室的结果进行比较的方法，可与同级实验室的性能或参考实验室的性能进行比较。术语 EQA 有时会与能力验证互换使用。因此，EQA 也应用于其他过程。

EQA 在此处定义为使用外部机构或设施客观检查实验室性能的系统。

**EQA 的类型**

通常使用以下几种 EQA 方法或过程。

· 能力验证：外部提供者将未知的样本发送给一组实验室进行检测。所有实验室的结果均经过分析、比较并报告给这些实验室。

· 重新检查或重新检测：由参考实验室重新检查已读取的检验涂片。对已经分析过的样本进行重新检测，以便进行实验室间比较。

· 现场评估：通常在难以进行传统的能力验证或使用重新检查或重新检测方法的情况下进行。

　　实验室间比较的另一种方法是在一组实验室之间交换样本进行检测。这些实验室通常承担没有可用的能力验证项目的特殊检测。该方法适用于极特殊或复杂的实验室，因此，本章将不做进一步讨论。

**EQA 的好处**

　　参与 EQA 计划可提供有价值的数据和信息，其中包括以下内容。

- 允许比较不同实验室之间的检测性能和结果。
- 为试剂或操作有关的系统性问题提供早期预警。
- 为实验室的检测质量提供客观证据。
- 提示实验室需要改进的地方。
- 确定培训需求。

　　EQA 有助于确保顾客（如医生、患者和卫生部门）获得可靠的检测结果。

　　各实验室可使用 EQA 来识别实验室操作中的问题，从而采取适当的纠正措施。参与 EQA 将有助于实验室评估检测方法、试剂耗材及设备的可靠性，并评估和监控人员培训的效果。

　　对于执行公共卫生相关检测的实验室，EQA 可确保在实施 EQA 活动期间，来自不同检测实验室的结果具有可比性。实验室认可通常需要 EQA 结果。此外，组织 EQA 活动可创建 EQA 网络交流平台，并将成为促进国家实验室网络化建设的重要手段。EQA 接收的检测样本和与 EQA 组织者共享的信息，对于实验室开展继续教育活动非常有用。

**EQA 计划的主要特征**

　　各类 EQA 计划不尽相同，但主要特征包括以下内容。

- EQA 计划可以免费，也可以收费。免费的 EQA 计划包括由设备制造商为确保设备正常运行而提供的 EQA 计划，以及由地区或国家机构旨在提高实验室检测质量而组织的 EQA 计划。

- 有些EQA计划是强制性的，或者是认证机构或法律要求的，其他的则是自愿的，实验室质量主管可以自愿选择参加EQA计划，以提高实验室检测性能的质量。
- EQA计划可以在不同级别组织实施：如地区、国家或国际组织。
- 各实验室的检测结果是保密的。通常只有参与实验室和EQA组织者才能获知相关信息。EQA组织者通常会提供总结报告，在全体分组间进行比较。
- 某些EQA方案可能只针对一种疾病，如结核病的EQA计划；另一些可能会涵盖多项实验室检测项目，如微生物学的整体检测性能。法国强制性国家微生物学EQA就是这种多病种或检测项目的EQA计划的实例。

　　EQA计划的成功实施反映了实验室质量管理的有效性，也代表外部机构对实验室质量的认可。

　　**EQA对改善实验室质量管理体系很重要，它可以衡量实验室的检测性能。**

## 第2节 能力验证

**定义**

能力验证（proficiency testing，PT）项目在实验室中已开展了许多年，它能涵盖许多实验室检测方法，是最常用的EQA类型。PT适用于大多数常规实验室检测，涵盖范围包括化学、血液学、微生物学及免疫学试验。许多实验室都参加PT活动，大多数实验室人员都熟悉PT流程。

标准化组织认识到PT工具的重要性。以下是正在使用的正式定义的示例。

- ISO/IEC指南43-1：1997："能力验证计划（proficiency testing schemes，PTS）是定期组织的实验室间比较，以评估分析实验室的检测性能和分析人员能力。"
- 临床实验室标准协会："该程序可将多个样本定期发送给一组实验室的成员进行检测分析和（或）鉴定。然后，将每个实验室的结果与组中其他实验室的结果进行比较和（或）与分配的值进行比较，并将比较结果报告给参与实验室和其他相关实验室。"

**能力验证过程**

在PT实施过程中，实验室从PT组织者处接收样本。该组织者可以是专门为提供PT而成立的组织（非营利性或营利性）。其他类型PT组织者包括中心参考实验室、政府卫生管理机构，以及试剂或仪器设备制造商。

在典型的PT计划中，会定期提供一些挑战性样本，最佳频率为每年3～4次。如果无法以此频率提供挑战性样本，则实验室可以寻求其他来源的挑战性样本。

参与PT计划的实验室对样本进行检测分析，并将结果返回给组织者。组织者对结果进行评估和分析，并向参与实验室提供有关其检测性能，以及与其他参与者进行比较的信息。参与的实验室利用PT有关其检测性能信息进行适当的完善和改进。

**实验室的角色**

　　为确保参与PT计划的成功，实验室必须认真遵循PT计划工作要求，准确完成所有工作，并按规定和期限完成结果提交。应记录所有PT结果，以及相关纠正措施，并将记录保留适当的时间。

　　PT是衡量实验室检测性能的有效手段。因此，PT样本和患者样本的处理不得有任何区别。PT组织者会竭尽全力制备与患者常规样本完全相似或非常相似的样本。PT样本必须由常规操作人员按照常规检测方法进行检测分析和报告。

　　除非用于实验室内部质量改进的目的，在PT期间，PT组织者或核心机构不得与其他实验室讨论相关结果。PT组织者可以将不同的样本发送到不同的实验室组，以避免实验室间讨论PT相关实验结果。

　　**实验室参与PT计划的重要价值在于将PT相关反馈信息应用于实验室的持续改进。**

**局限性**

　　需要注意的是应用PT结果评价实验室具有一定的局限性，不宜将PT用作评估实验室的检测质量的唯一手段。PT结果可能受与患者样本无关的多种因素的影响，这些影响因素包括样本的制备、基质作用、文书表达、统计评估方法的选择，以及不同定义的实验室分组统计评价的影响。PT结果不可能反映出实验室检测过程中的所有问题，尤其是那些涉及检验前和检验后程序的问题。

　　PT单个不可接受的结果并不一定表示实验室中存在问题。

## 第3节 其他室间质量评价方法

**使用其他室间质量评价方法**

在实验室难以获得适当的外部质控样本或有时无法采用常规实验室质量控制方法的情况下，其他已建立的质控评价方法可用于实验室EQA。主要示例及用途如下。

· 抗酸杆菌（acid-fast bacillius，AFB）的显微镜检验涂片检查和人类免疫缺陷病毒（human immunodeficiency virus，HIV）的快速检测通常采用重新检查/重新检测（rechecking/retesting，RC）的EQA方法。这种RC方法还可用于其他情况，但如果常规PT可行，通常不使用此方法。

· 对于AFB检查和HIV快速检测，现场评估也被证明是一种有效的方法。现场评估可以对现场检测质量进行外部评估，并且可以与PT或RC相结合。

以上评价方法可能既耗时又费钱，因此，仅在没有好的替代方法时才使用。如果采用这些评价方法，必须有一个能够进行重复检测的参考实验室。参考实验室的使用可以保证RC方法得出准确可靠的结果。RC方法必须按规定的检测周期及时完成，以便尽快采取纠正措施。在某些情况下，将样本或检验涂片运送到参考实验室也可能会出现问题。

**重新检测过程**

这种EQA方法用于HIV快速检测。HIV快速检测存在一些特殊的挑战，因为该操作通常是在传统实验室之外的环境中进行，并且可能是由未经实验室医学培训的人员进行操作。此外，试剂盒为一次性使用，不能采用实验室常规质量控制方法。因此，采用不同的检测方法，如酶免疫测定（enzyme immunoassay，EIA）或酶联免疫吸附测定（enzyme-linked immunosorbent assay，ELISA），对某些样本进行重新检测有助于评估原始检测的质量。

从特点上来说，通常在以下情况下，需要重新检测。

· 为确保质量由参考实验室完成。

· 用于对干燥的血斑或采集的血清进行快速检测。

· 不采取盲测的方法进行重检，因为这是不必要的。

重新检测的样本数量必须具有统计意义以发现错误。但在快速检测量少的站点，要做到这点很困难。美国疾病预防与控制中心和世界卫生组织在《确保HIV快速检测的准确性和可靠性：采用质量体系方法的指南》中，对重新检测中的统计问题已经有全面讨论。

**重新检查过程**

重新检查方法最常用于耐酸涂片。在初级实验室中读取的检验涂片将在中心或参考实验室中"重新检查"。这可以评估原始报告的准确性，还可以评估检验涂片制备和染色的质量。

实施重新检查过程时，以下原则很重要。

· 重新检查的检验涂片必须随机抽取，必须采取措施以尽量避免系统性抽样偏差。

· 重新检查必须基于统计考虑。中心实验室常用的重新检查方法是抽取10%的阴性涂片和100%的阳性涂片。

· 出现检测结果不一致时，应有适当的程序来解决。

· 必须分析重新检查的结果以获得有效且及时的反馈。

**进行盲法复查的优势**

通常建议以盲法进行重新检查，让实施重新检查的实验室人员不知道原始结果。在Martinez等[1]进行的研究中，与非随机选择、非盲涂片相比，随机双盲复查可以更准确地估计AFB显微镜检查结果。这将改进诊断准确性，使治疗效果得到监控。

**现场评估**

评估人员定期进行现场实验室评估是EQA的类型之一。当其他EQA方法不可行或无效时，就可使用该方法。同样，该方法最常用于评估进行AFB涂片检查和HIV快速检测的站点。

1 Martinez A et al. Evaluation of new external quality assessment guidelines involving random blinded rechecking of acid-fast bacilli smears in a pilot project setting in Mexico. *International Journal of Tuberculosis and Lung Diseases*, 2005, 9(3): 301-305.

现场评估可在以下方面发挥重要作用。

· 通过在常规条件下观察实验室的检验过程,以评估其是否符合质量要求,从而获得对实验室实践的真实了解。

· 提供有关实验室内部流程改进的信息。

· 衡量差距或不足——知道"我们在哪里"。

· 协助实验室收集相关信息,用于制订培训计划和实施培训、监控和纠正措施。

针对EQA的现场评估可由中心参考实验室或其他卫生行政部门组织。现场评估可与重新检测和重新检查方案一起使用,以提供有关性能的更多信息。

## 第4节 室间质量评估方法比较

**特性比较**　　下表比较了PT和RC的一些特征。

| 方法/特征 | 能力验证（PT） | 重新检查/重新检测（RC） |
|---|---|---|
| 多实验室比较 | 是 | 是 |
| 模拟样本 | 是 | 否 |
| 真实样本 | 是/否 | 是 |
| 所需的时间和资源 | 少 | 多 |
| 分析物评估 | 多 | 少 |

**比较的总结**

PT的特点。

· 客观准确地评估实验室检测性能。

· 能够涵盖大多数实验室的检测项目。

· 具有良好的成本效益，可以定期开展。

RC的特点。

· 在难以或不可能获得质控评价样本以验证所有检测
过程时使用。

· 价格昂贵且需花费较多的时间。

现场评估的特点。

· 可真实地描述实验室的整体检测性能，并可为实验
室需要的改进提供实时指导。

· 可能是最昂贵的，并需要占用员工时间、花费差旅
时间，以及支付评估人员的费用。

## 第5节　管理实验室室间质量评价

**参与EQA**

　　所有实验室都应参与EQA活动。如果可能，实验室运行的所有检测项目均应有相应的EQA活动。参与EQA活动，实验室将受益巨大，EQA为实验室提供了确保其性能处于与其他实验室可比水平的唯一途径。

　　对于获得认可的实验室或计划寻求认可的实验室，参与EQA至关重要。ISO 15189提出了以下针对实验室的EQA要求。

- 要求实验室参与实验室间的比较。
- 如果无法建立既定的EQA方案，必须考虑使用替代的EQA机制进行实验室间的比较，例如，与其他实验室交换样本。
- 实验室管理人员应监督EQA的结果，并参与纠正措施的实施。

**管理过程**

　　参加EQA计划时，实验室需要制定流程来管理计划的实施，主要目的是确保所有EQA样本的处理方式与其他检测样本相同。实验室应建立以下程序。

- 样本的处理：应做好记录日志、正确处理样本，并根据需要存储，以备将来使用。
- 样本分析：考虑在样本检测时采取措施，以使工作人员不会认出EQA样本而将其视为与患者样本不同（盲测）。
- 适当保存记录：所有EQA检测报告的记录应保留一段时间，以便实验室可衡量持续改进的效果。
- 调查任何缺陷：针对实验室存在的所有不可接受的检测性能缺陷进行调查。
- 当性能不可接受时采取纠正措施：EQA的目的是允许在实验室中发现问题，从而提供改进的机会。
- 将结果传达给管理层和所有实验室人员。

**EQA性能问题**

　　如果实验室在EQA方面表现不佳，问题可能出在工作流程的任何地方。需要检查检验过程的所有环节。存在的问题可能有以下几种。

- 检验前
  - 样本在制备、运输过程中或在实验室收到后可能存在不当的存储或处理而受损。
  - 样本可能在实验室中未正确处理或标记。
- 检验中
  - EQA挑战性样本可能会在实验室使用的不同检验系统出现基质效应。
  - 分析问题的可能原因，包括试剂、仪器、检测方法、校准和计算。应调查分析存在问题的原因，以确定错误是随机的还是系统的。
  - 同时需要考虑和评估实验室员工的能力。
- 检测后
  - 报告格式可能存在问题。
  - 结果解释可能不正确。
  - 文书或抄录错误可能是错误的根源。

EQA组织者获取错误数据可能是错误的另一个来源。

## 第6节  总结

**总结**　　EQA是使用外部组织者或机构客观评估实验室检测性能的系统。所有实验室应尽可能参与所有检测的EQA计划。经过认可的实验室必须参加EQA。

　　EQA的实施方法有多种。传统PT可用于许多检测项目，具有较好成本效益并提供有用的信息。当PT不适用或无法提供足够的信息时，应采用其他方法。

　　PT样本和患者样本的处理不得有任何区别。必须遵循常规检测操作方法，并由常规操作的人员执行检测操作。

**关键信息**

- 由于EQA利用了宝贵的资源，实验室应充分利用参与EQA的机会发现问题，改进工作。
- EQA不应为惩罚性，应将其视为具有教育意义的手段和帮助指导实验室改进工作的工具。
- EQA是实验室质量管理体系的关键要素之一。

第11章

评估：规范
和认可

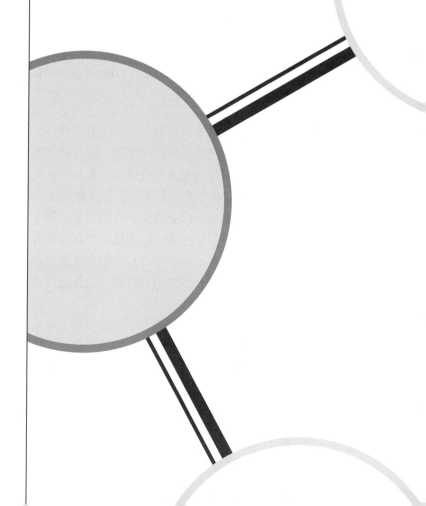

## 第1节　概述

**在质量管理体系中的作用**

评估是确定实验室质量管理体系有效性的手段。标准及其他提供指引的规范性文件构成评估的基础。这些标准可以是国际标准、国家标准或地方性标准。

建立规范或标准并为实验室提供认可或认证的组织机构，在评估过程中起着至关重要的作用。

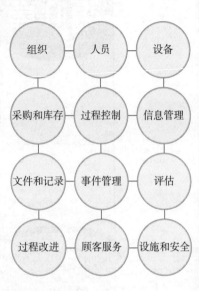

组织　人员　设备

采购和库存　过程控制　信息管理

文件和记录　事件管理　评估

过程改进　顾客服务　设施和安全

**过程概述**

实验室通过有信誉且合格的组织进行评价或评估，是获得准确和可重复的检测结果，并得到社会认可的重要途径。实验室成功完成评价或评估就意味着实验室符合评估所用的质量标准和规范并得到了认可。

**职责**

实验室主任应充分认识依据国家法律及实验室的活动范围，执行国际标准或国家标准以获得认可、认证和执业许可的重要性。实验室管理者的主要职责是寻求确认本实验室应遵从的相关规范和标准，以及认可和认证的相关信息，以便提供更好的服务。

质量管理者必须向员工宣传实验室遵从国际标准或国家标准的必要性和重要性。质量专员负责解释如何满足相关标准的基本要求，并组织和准备实验室评估过程。

实验室员工必须了解所选标准的各项要求，参与到为确保满足标准要求而需开展的工作中，了解评估流程并协助以确保评估过程准备充分。

## 第2节　国际标准和标准化机构

**定义**

规范性文件：为活动及其结果提供规则、指南或特征要求的文件，包括标准、技术说明书、操作规范和法规等文件[1]。

标准文件：通过建立共识并由公认机构批准的文件。为活动及其结果提供通用和可重复使用的准则或特征要求文件，旨在既定环境中获得最佳秩序[1]。

法规：任何由政府机构或权威机构强制执行的标准。

标准可以在国际、国家或地方层面制定。政府或其他权威机构可以要求遵守标准，或者自愿执行。

国际标准可能具有最广泛的共识或认同，但个性化程度较低。地方标准可能具有最高程度的适用性，但无法与其他地区或国家进行比较。

**标准化机构**

以下为国际组织的示例。

1.国际标准化组织（International Organization for Standardization，ISO）

ISO是世界上最大的国际标准制定者和颁发者，ISO标准适用于许多类型的组织，包括临床实验室和公共卫生实验室。

ISO是由157个国家/地区的国家标准机构组成的网络组织。每个国家/地区都有一个成员，在瑞士日内瓦设有中央秘书处，负责协调该系统。ISO是一个非政府组织，是公共部门和私营部门之间的桥梁。它的许多成员机构是其所在国家政府机构的一部分或已由政府授权。然而，还有许多成员来自行业协会，与国家建立有合作伙伴关系，在私营部门具有独特的根源。因此，ISO可在既满足业务需求又满足更广泛社会需求方面达成共识。

1 ISO/IEC Guide 2: 1996 (EN 45020: 1998) Standardization and related activities—general vocabulary. Geneva, International Organization for Standardization, 1996. 2002.

ISO技术委员会负责标准制定。每个成员机构都有权派代表参加委员会的工作。政府和非政府国际组织也可参加委员会的活动。技术委员会将拟采纳的国际标准草案分发给成员机构进行投票。颁布一个国际标准至少需要获得75%的成员机构投赞成票。

2.临床实验室标准协会（Clinical and Laboratory Standards Institute，CLSI）

CLSI是一家全球性、非盈利性标准制定组织，致力于在卫生保健领域内部促进自愿性共识标准和指南的建立和使用。CLSI文件由分支委员会或工作组中的专家在区域委员会的指导和监督下制定。CLSI标准的开发是一个动态的过程。每个CLSI区域委员会均致力于按照其任务说明中的描述，生成与特定学科相关的共识性文件。

3.欧洲标准化委员会（European Committee for Standardization，CEN）

CEN成立于1961年，由欧洲经济共同体及相关国家的国家标准机构创立。该机构主旨是开放性、透明性、共识性和融合性。

欧洲标准的正式采用是由CEN成员国的加权多数决定的，所有标准具有约束力。来自每个国家/地区的30位国家成员、7位准成员和2位顾问，以及布鲁塞尔的CEN管理中心共同承担责任。

4.世界卫生组织（World Health Organization，WHO）

WHO已针对疾病诊断实验室制定了若干标准。如小儿脊髓灰质炎，实验室需要通过认可才能参与WHO消除小儿脊髓灰质炎网络项目。该项目选择了7项指标，其中包括每年至少检测150个样本、能力验证是否通过，以及向网络报告病例的准确性和及时性。

## 第3节 国家标准和技术指南

**国家特殊标准**　　标准可由国家制定，且仅适用于本国使用。这些标准可由政府组织建立，也可由特定区域或应用领域的公认机构制定。

　　在某些情况下国家标准是根据国际标准（如ISO）制定的，并适应该国的文化和总体状况。

**指南**　　在各种情况下都可以建立指南。为了在实验室或国家层面更具体地实施ISO标准，通常ISO标准需要更多的技术指南。一些国家和国际组织已经制定了相关技术指南。

　　指南的另一个用途是针对特殊类型的检测或为实验室的某些部分提供指导。例如，用于人类免疫缺陷病毒（human immunodeficiency virus，HIV）快速检测的指南或检测中正确使用生物安全柜的指南。

**示例**　　许多国家已经建立了一些指南和标准。

　　1.法国良好分析性能指南（Guideline for Good Analysis Performance，GBEA）

　　1994年，为确保法国实验室提供的服务质量，法国以立法形式制定了该指南。该指南于1999年和2002年进行了修订。法律要求法国的所有临床实验室遵守GBEA。

　　2.泰国实验室质量标准局（Bureau of Laboratory Quality Standards，BLQS）

　　依据ISO 17025和ISO 15189，泰国医学科学部的BLQS制定了卫生实验室国家质量标准。建立了包含110个项目的检查表，并设计了循序渐进的检查方法。根据检查表获得的分数，实验室将被认可满足本国范围内的国家标准，或者可以申请ISO认证程序。

3.美国的1988年临床实验室改进修正案（Clinical Laboratory Improvement Amendments，CLIA）

1988年，美国的CLIA通过立法强制实施，将美国的所有医学实验室检测纳入联邦法规的管理。质量标准是根据检测的复杂性来定义的。CLIA方案的目标是确保高质量的实验室检测，无论这些检测在哪里进行（如医生的诊所、医院实验室、健康诊所、疗养院）。

## 第4节　认证和认可

**应用标准**　　为寻求认可实施质量体系的能力，实验室在实际工作中将用到相关标准。切记，满足标准可能是法律要求，也可能是自愿的。有以下3种方法可以用来表明实验室符合规定的标准。

- 认证：独立机构通过书面程序保证产品、过程或服务符合特定要求的程序[1]。在认证过程中，认证机构的代表会访问实验室。这些代表致力于寻找符合标准、政策、程序、要求和法规的证据。首要的是，检查组检查文本、程序和文件是否实际存在。

- 认可：权威机构正式承认某机构或某人有能力执行特定任务的程序[2]。认可机构的代表访问实验室，他们致力于寻找符合标准、政策、程序、要求和法规的证据，并观察实验室员工，确保他们正确、有效地履行职能和职责。

由于认可包括了对实验室能力的评估，因此，认可为实验室人员提供了更高水平的保证，证明实验室的检测可靠、准确。

- 执业许可：执业能力的授予。通常由当地政府机构提供。执业许可常常以证明具备了必要的知识、培训和技能为基础[3]。一般而言，实验室获得执业许可是法律要求。

**认可要素**　　认可过程要求具有以下要素。

- 监督评估和授予认可的机构：该机构也可以建立认可过程中使用的标准。

- 标准：实验室必须遵从标准才能获得认可。

---

1 ISO/IEC 17000：2004. *Conformity assessment—vocabulary and general principles*. Geneva，International Organization for Standardization，2004.
2 ISO 15189：2007. *Medical laboratories—particular requirements for quality and competence.* Geneva，International Organization for Standardization，2007.
3 Wikipedia 2007.

> ·知识丰富的评审员或检查员：评审人员通过评估确定实验室是否符合标准。
>
> ·用户实验室：通过评估方式，被要求或自愿寻求证明符合标准的用户实验室。

**认证和认可机构**

认证或认可机构是一个组织或机构，被授权后有权检查被认证或认可组织的设施，并提供书面证据证明其符合标准（认证）和能力（认可）。

认证和认可机构具有以下共同特征。

> ·批准：认可和认证机构通常要求自身已通过认可。该认可在国家或国际组织（如国家标准机构）的授权下进行。通常国际认可机构获得ISO 17011的认可[1]。
>
> ·知识雄厚：必须在认可标准内容的理解和解释，以及认可的学科方面具有丰富的知识和技能。认可机构团队应包括学科专家和认可要求专家。
>
> ·基于标准：评估始终基于既定标准。
>
> ·目标：对能力和技能的判断是基于证据而不是印象。检查组不可建立自己的规则，而是考量目标对象是否符合既定规则或标准。
>
> ·胜任力：应确保所有员工经过培训并具备一定技能。审核团队中应包括熟悉技术和质量管理信息的成员。由于这些机构具有专业性，重要的是保持了自身认可状态，因此他们具备胜任认证和认可的能力。

**认可或认证的通用标准**

标准可适用于认证或认可，也可具有监管性。认证标准的重要例子包括ISO 17025和ISO 15189，这2个标准都是广泛使用的国际标准。ISO 15189是医学实验室的首选标准，因为它覆盖了实验室的全部活动，不管实验室开展了什么检测。与ISO 15189不同，ISO 17025的设计和应用基于单独的、逐项检测过程。

---

1 ISO/IEC 17011; 2004. *Conformity assessment—general requirements for accreditation bodies accrediting conformity assessment bodies*. Geneva, International Organization for Standardization, 2004.

　　ISO 17025规定了检测和（或）校准，包括取样、能力的一般要求。它适用于检测和校准实验室，并可用于建立管理运行的质量、行政和技术体系。实验室客户、监管部门和认可机构可用它来确认或明确实验室的能力。ISO 17025不覆盖遵从法规和安全要求。

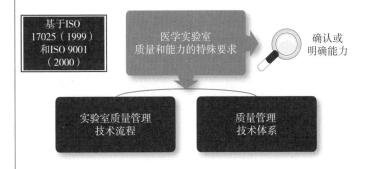

　　ISO 15189是行业专用标准，也就是说，它的设计和用途仅限于医学实验室。ISO 15189对医学实验室的质量和能力提出了特殊要求，为实验室质量管理和技术流程提供指导，以确保实验室检测的质量。ISO 15189以ISO 17025和ISO 9001为基础，适用于目前公认的所有医学实验室服务学科。ISO 15189可用于医学实验室建立管理运行的质量、行政和技术体系，也可提供给希望确认或明确医学实验室能力的机构使用。

## 第5节　认可过程

**不可轻易或未经认真考虑地做出进行认可的决定。**

认可活动很昂贵，因此，实验室主任和质量管理者们必须在认可之前做好充分的准备，以避免资源浪费。认可可以从实验室的一部分开始，然后再持续延伸到其他部分。

**准备**　认可需要满足以下条件。

- 承诺：满足标准和获得认可的道路是艰难曲折的，当这个过程变得困难重重，挑战不断，并且耗费大量时间和努力时，退出或推迟认可的情况时有发生。一旦过程停止，就很难再次开始。
- 计划：认可的过程需要时间。实验室应安排好时间，组织实验室人员积极参与，确保认可的过程顺利实施。
- 知识：标准的应用需要了解标准，正确理解和解释标准。如果实验室中没有人员了解标准的相关知识，则实验室可以考虑派遣人员参加专门培训或雇用顾问。
- 资源：认可过程可能需要体系的重组、调整、训练有素的人员或其他仪器设备。在过程开始时的计划阶段应考虑到潜在的成本。

**术语解释**　使用标准准备认可时，请记住以下标准中常用术语的解释。

- 共识：所有利益相关方代表之间的协议，包括供应商、用户、政府监管者和其他利益集团。共识不是一定数量或大多数人的决定，共识是在没有激烈和有说服力的反对的情况下达成的普遍一致。
- 规范性声明：文档中的信息是标准的必要组成部分。包括"应"一词。

- 信息性声明：文档中的信息仅供参考，通常以"注释"的形式出现。信息可能是说明性或警告性的，也可能提供示例。
- 符合：满足明示的和隐含的要求。
- 不符合：无法满足特定过程、系统或服务的要求。可以分为主要（完整）或次要（部分）。
- 符合性验证：通过检查证据进行确认。

## 第6节　认可的益处

**认可的价值**　　通过第三方评估人员的认可，实验室顾客可以有信心，确信实验室在对某些方面进行测量、校准、审核、检测或认证时，能够胜任这些工作。

认可的重要之处在于可以提高顾客对实验室结果和服务的信心，因为认可是验证相关质量、性能和可靠性声明的有效手段。使用国际公认的标准作为实验室认可的参考标准，是建立跨国信任和在全球推广最佳实践的关键。

**结果**　　认可有以下结果。

·衡量质量体系的有效性和完整性。

·持续监控质量体系。

·对你付出努力的认可。

通过认可的实验室，在能力验证方面往往有更好的表现，并且更有可能拥有有效的质量管理体系。

**把认可作为**　　认可是判断质量管理体系有效性的有价值的工具，但
**工具**　　这不是最终目标。获得认可状态后，保持状态才是重要的挑战。

一个管理良好的实验室应持续满足各种目标。实施质量管理的实验室应将认可作为确保系统正常运行而进行的一种审核形式。

认可状态必须定期更新，每次都是对实验室保持和提高质量水平的挑战。

第7节　总结

**总结**　　　标准或规范为实验室提供了指南，这些指南构成了实验室质量实践的基础。它们是由相关组织机构通过达成共识而制定出来。认证和认可是2个过程，可以使人们认识到实验室正在达到既定的标准。

当实验室寻求认可时，需要精心策划，以取得成功的结果。积极的质量管理计划，可以确保实验室始终处于"认可准备就绪"状态。

**关键信息**
- 认可是持续改进质量管理体系的重要一步。
- 获得认可是一项成就，保持认可亦是一项成就。

# 第12章

人　员

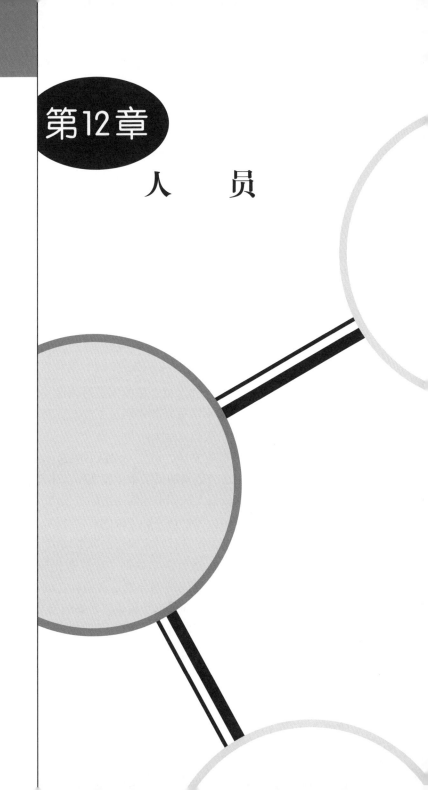

## 第1节 概述

**在质量管理体系中的作用**

人员是最重要的实验室资源。拥有具有良好的职业素养,工作认真负责,并积极参与持续改进的员工是实验室实施质量管理体系的重要保证。实验室人员是医疗领域的重要部分。

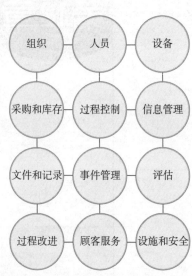

组织 人员 设备

采购和库存 过程控制 信息管理

文件和记录 事件管理 评估

过程改进 顾客服务 设施和安全

**过程概述**

实验室招聘和保留合格的人员对确保实验室检测质量至关重要。如不能核查新入职员工的教育背景、资质和推荐信,将会给实验室带来问题。

作为实验室主任,需要关注以下问题。

· 雇用适当数量的员工来承担实验室工作。

· 确认新员工入职申请简历中的各项内容的真实性。

· 向每位员工进行完整详细的职位介绍。

· 对每位员工进行特定岗位的职责培训。

· 对新员工进行入职培训,尽管有相应的学历背景,但实验室之间的差异也是普遍存在的,因此,实验室管理者要确保给予新员工足够的指导和培训。

· 对所有人员进行能力评估,并记录评估内容及结果。管理者需要确认经过培训的员工有足够的能力胜任其工作。

· 提供继续教育的机会,可以通过继续教育课程,介绍新技术或现有方法的更新。

·进行年度员工绩效评估。

作为质量负责人，必须注意以下几点。

·为员工提供入职培训。

·创建员工档案和及时更新，并对其进行保密管理。

·在质量手册中包含人员相关政策。

作为实验室工作人员，需要注意以下几点。

·参加培训和继续教育活动。

·在工作职责增加或改变时，需要进行相关内容培训。

·记录个人职业发展经历。

**动机的重要性**

实验室员工的工作成败，取决于他们的知识和技能，以及完成工作任务的决心和动机。有工作积极性的员工更有可能致力于本职工作。

实验室员工的工作动机因人而异。

·有些人比较喜欢具体的奖励，如奖金或表扬。

·有些人比较在意能够照顾到家庭和儿童的灵活工作时间。

·大多数人喜欢得到认可，并且享受自己是医疗卫生团队中不可或缺的一部分的感觉。

无论是进行检测、标本采集、试剂配制还是管理实验室，管理者都可通过强调每个人的工作的重要性来激励团队。

**员工保留**

在许多国家，工作人员的迁移和流动是人员管理的主要挑战。除经济因素外，缺乏良好的工作环境和不当的管理方法也会导致人员流失。良好的人事管理有助于留住员工。

## 第2节  招聘和入职培训

**人员资质和岗位说明**

管理者须制定出实验室所有岗位的所需人员资质要求，包括教育、技能、知识和经验的要求。在评估人员资质时，不要忽视语言、信息技术和生物安全等方面的特殊技能和知识要求。

岗位说明应对每个职位的职责和权限给出清晰、准确的说明。

- ·列出应承担的工作和任务。
- ·明确在检测活动和质量体系中的责任（政策和活动）。
- ·能够反映员工的背景和培训。
- ·及时更新，并提供给实验室所有人员查看。

岗位说明应基于能力，并能反映所需的技能。每个职位的要求可能因实验室的规模和所提供检测服务的复杂性而异。例如，在人数较少的小型实验室中，员工可能需要承担许多责任并执行许多任务；而在人数更多的大型实验室中，员工可能会更加专业。

**清晰的岗位说明不仅是一个岗位指南，而且可以用来评估员工能力。**

**入职培训**

入职培训是向新员工介绍新工作环境及其特定任务和职责的过程。对于新员工而言，最令人沮丧的莫过于不知道在哪里找到必要的资源。

入职培训不仅仅是培训。实验室人员的入职培训应包括以下几个方面。

- ·一般入职培训：参观工作场所，并向所有管理层和员工介绍新员工，介绍内容如下：
  - -该组织在医学界和（或）公共卫生系统中的位置。

- 关键岗位人员和职权范围。
- 实验室与实验室用户及客户的互动。
- 有关设施和安全的政策和程序。
· 人事政策。
  - 伦理。
  - 保密。
  - 员工福利。
  - 工作时间表。
· 员工手册：概述了组织的政策，以及有关实验室质量体系的内容。
· 员工的岗位说明及其内容的详细介绍。
· 标准操作规程（standard operating procedures，SOP）概述。

　　建议拟定一份包含入职培训各个方面的清单，要求员工在清单上签名并注明日期，以记录关于每个主题的讨论。

## 第3节  能力和能力评估

**定义**

能力是指在执行特定工作任务时，相关知识、技能的应用和所采取的行为[1]。实验室检测结果的准确性，取决于员工执行整个检验过程的一系列程序的能力。

能力评估是对工作人员能力的衡量和记录。能力评估的目的是识别并解决员工在工作中存在的问题，避免对患者造成影响。

**概述**

初始能力评估结果，可能会提示需要对员工进行特定的培训。此外，应在员工任职期间定期进行能力评估。

初始或定期的能力评估有助于识别或预防工作中的差错事故发生，这些差错事故可能可以通过相应的培训来解决。

**能力评估方法**

能力评估方法包括以下几种。

· 直接观察法有助于识别和预防员工的各种操作问题。
  - 观察员工在检验过程中的技术操作是否遵循SOP。
  - 为了避免主观因素对能力评估的影响，观察者应使用专门设计的评估检查表进行能力评估。检查表应用于具体的、可观察的项目、行为或外观特性。

观察是评估员工能力最耗时的方法，但在评估可能对患者影响较大的领域时建议使用此方法。

· 监控记录（例如，查看员工的工作表和日志）。
· 查看并分析质量控制记录，以及被评估员工完成的能力验证的结果。
· 重新检测或核查结果，以对员工之间的结果进行比较，分析引起差异的原因并解决问题。
· 使用案例研究的方式，评估员工的知识水平或解决问题的能力。要求员工对模拟的技术问题进行口头或书面回答。

---

1 ISO 10015: 1999. Quality management—guidelines for training. Geneva, International Organization for Standardization, 1999.

人员能力评估方法可能需要结合各实验室的习惯和关注点进行选择。

**政策与过程**　　　能力评估政策的制定是质量体系中的关键问题，是管理层的责任。应使所有实验室人员知晓每项政策，应对所有人员的评估过程和结果进行记录。

　　　例如，"应定期评估每个员工完成其岗位说明规定的任务的能力"就是一条能力评估政策。

　　　过程是对政策实施方法的描述。政策实施应解决以下问题。

- ·由谁负责评估？评估应由在过往评估中能力表现突出的人员执行。能力评估负责人必须记录评估结果，并对其进行评价。
- ·评估什么内容？检验前、检验中和检验后过程中哪些工作任务或任务和流程需要被评估？每项任务的关键能力应该被确定。一线管理人员应参与此过程。关键能力的例子包括：
  - -患者身份识别。
  - -样本采集。
  - -评估样本是否足量。
  - -设备使用。
  - -质量控制程序的实施。
  - -结果解释。
- ·何时进行评估（每年或每半年1次）？需要制定每个员工定期评估的时间表。当实验室引入新的程序和设备时，应对每位员工进行一段时间的培训，并在培训结束后对其进行评估。

应每年审查政策和过程，并在必要时进行修改。

**程序**

程序是对过程中每个要素执行方法的描述。员工能力评估需遵循以下程序。

· 评估者提前告知员工预定的评估时间。

· 应在员工检测常规样本时进行评估。

· 按照上述方式完成评估，并记录评估过程和结果。

· 告知员工评估结果。

· 制订整改行动计划，确定需要进行再培训的项目。管理者应将再培训计划整理为文档，以确保员工理解该计划。计划中应写明为解决或纠正相关问题而采取的具体步骤并注明截止日期。计划中也应写明实施该计划所需的资源。例如，员工可能需要更新版本的SOP。

· 要求员工了解评估活动、相关的行动计划及重新评估。

如果培训后仍有不止一人犯同样的错误，则需要考虑发生错误的根本原因，例如，设备故障和操作步骤不明确等。

**能力评估文件**

应提前制定标准的评估表格，并按照该表格进行能力评估，保证对所有员工的评估方式相同，以免员工对评估的公平性产生质疑。

应记录所有的能力评估内容，包括评估日期和结果，并作为保密文件保存。这些记录是实验室质量文件的一部分，应定期回顾并用于持续改进。

## 第4节 培训和继续教育

**定义**　　培训是为员工提供知识、技能和行为训练，增进其水平以达到要求的过程。通常，培训与岗位说明和能力评估相关，是为了解决员工在执行特定任务时存在的不足。在进行任何针对特定工作内容的培训后，都应重新进行能力评估。

　　重新培训是指，当能力评估结果显示员工的知识和技能有待提高时，需要进行重新培训。

　　交叉培训为员工提供获得自己本岗位工作之外技能的机会。通过交叉培训，可以在需要时方便对人员进行灵活调动或重新安排工作，这种情况可发生在危急情况下，或因员工生病或休假导致人员不足时。

　　继续教育是一项教育计划，旨在使员工了解特定领域内的知识或技能的最新信息。由于检验医学在不断发展变化，保持对最新知识的掌握需要员工和管理层的共同努力。

**基本原理**　　进行培训和继续教育有以下益处。

- 保证实验室达到质量规范，使检测结果准确、可靠、及时。
- 帮助员工实现个人职业目标。
- 改善组织能力，实现质量目标。

　　在检验医学中，新的检测方法和设备不断进入市场，影响着实验室检测，提升了患者护理水平。

**方法**　　在规划培训或继续教育活动时，需要考虑以下几点。

- 确定培训需求。
- 设计培训。
- 提供培训。
- 评估培训结果。

通常可以较低的成本组织活动，举例如下。

· 开展最新研究进展讨论。

· 成立案例研究讨论组。

· 观看录像带和DVD。

· 研究一个主题并向同事介绍研究结果。

· 使用人机对话式的自学计划，包括在线学习免费软件或课程。

· 收集并维护一套教学幻灯片（例如，血液学和寄生虫学）。

**资源**　　内部资源：在组织开展内部继续教育时，应考虑本单位可用的医疗卫生资源。

· 质量保证委员会。

· 临床医生。

· 护士。

· 病理学家。

· 感染控制人员。

· 流行病学家或监管官员。

· 外部评估员。

这些领域中的专业人员都可以与实验室员工交流专业知识和经验。可以邀请他们进行演讲、主持讨论和交流信息。

外部资源：外部继续教育计划可由相关领域的专家提供。这些专家可来自以下机构。

- 能力验证服务机构。
- 制造商。
- 科学团体。
- 世界卫生组织。
- 美国疾病预防和控制中心。
- 非政府组织。

## 第5节 员工绩效评估

**定期评估**

应对员工的整体表现进行正式的定期评估，这比能力评估的范围更广泛，包括以下内容。

· 技术能力。
· 效率。
· 政策的遵守度。
· 安全规则的遵守。
· 沟通技巧。
· 客户服务质量。
· 守时性。
· 专业表现。

**反馈**

评估可能会影响员工的士气、积极性和自尊心，应公平地对所有员工进行评估。即使表达委婉，但人们对于批评的反应也不尽相同。因此，应采取和个人性格匹配的方式与员工沟通。应向员工提供积极的反馈意见及改进建议。

应及时向员工提出他们存在的问题，使他们能够在正式评估前纠正这些问题。定期评估是员工记录的一部分，其中不应包含以前未与员工讨论过的问题。

**表现不佳的原因**

表现不佳可能并非总是由于技术能力不足而引起。员工表现可能会受到以下因素的影响。

· 注意力不集中，特别是诸如孩子或父母生病等个人问题，或财务问题等可能会使员工难以集中精神。
· 工作量过大可能使员工感到压力或焦虑，导致他们无意中犯错。
· 入职培训或后期训练不足。
· 拒绝改变。有些人可能不想使用新程序（"我们一直这样，为什么要改变？"）。

以下因素也可能导致检测结果不理想。

· 样本不合格：实验室人员可能对样本使用的防腐剂或保存条件等是否正确不太清楚。

· 缺少 SOP 或未及时更新 SOP：检测试剂盒中的说明书可能进行了修改，而这种改变应当反映在实验室的 SOP 中。

· 操作规程编写不当：包括省略某些步骤、步骤顺序错误、样本或试剂数量不正确等，可能会导致严重的错误，尤其在多名员工的检测结果均错误时应怀疑操作规程的正确性。

· 岗位说明描述不清晰可能是犯错的根源：例如，设备校准责任的划分不清晰，可能会导致未进行设备校准，从而导致错误的检测结果。

## 第6节　人事档案

**政策**　　医学实验室应建立员工档案，其中应包含与实验室工作密切相关的信息。应对每位员工所在岗位及在岗时间进行记录，此信息对于计算员工福利很重要。人事档案中应包含所有雇用条款和条件。

**档案内容**　　在不同地区及不同的实验室，建立的人事档案可能有所不同。完整的人事档案应包括以下内容，但部分实验室可能不需要其中的某些信息。

- 雇佣信息。
- 初始申请表和简历。
- 授权员工可开展的检测项目。
- 续聘条件。
- 岗位说明。
- 初始及后期的能力评估。
- 参加过的继续教育课程。
- 个人行为——纠正和惩罚记录。
- 休假记录。
- 健康信息，包括工伤或职业危害暴露、疫苗状况、皮肤检查（如有）的记录。
- 绩效考核。
- 紧急联系方式。

**档案保存**　　人事档案是保密文件，应保存在安全的地方。一些机构可能有专门负责人事档案的人力资源或人事部门，因此，实验室内不必保存所有的员工信息。实验室内部需要保存的人事档案内容有紧急联系信息、岗位说明等。

## 第7节 总结

**人事管理的 重要原则**

　　人事管理对质量管理计划的成功至关重要。人事管理过程有以下重要要素：①岗位说明应反映所需的所有技能，并准确描述任务、角色和权限；②在雇佣期内需要定期、公平地开展人员能力评估；③管理过程中应注重寻找和吸引合格人才，并通过给予激励、适当的福利和创造良好的工作环境等方式留住人才。

**关键信息**

- 人员是实验室最重要的资源。
- 管理者必须积极营造能够充分支持所有实验室人员的和谐氛围，以保持实验室高质量的检测能力。
- 继续教育对人员能力的培养至关重要，但并不一定需要耗费昂贵成本。新的检测方法和设备不断发展和应用，员工需要及时更新他们的知识和技能。

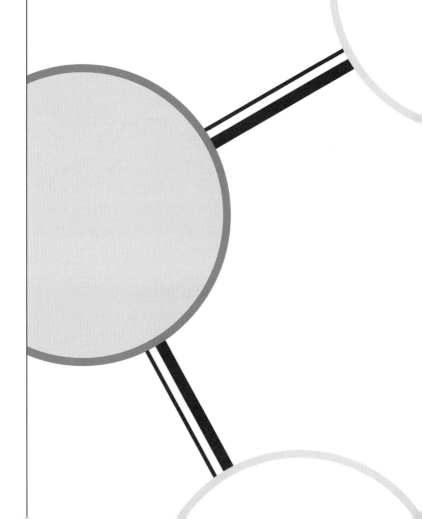

# 第13章

## 顾客服务

## 第1节 概述

**在质量管理体系中的作用**

本章将介绍制订一个有效的顾客服务计划必需的基本要素。

顾客满意度是质量管理体系的重要组成部分，并且是国际标准化组织（the International Organization for Standardization, ISO）标准的重要关注点。最终，实验室将为其顾客提供一种产品，即检测结果，如果没有良好的顾客服务，实验室就未实现其主要服务功能。

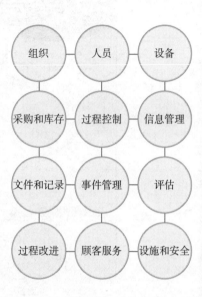

**过程概述**

菲利普·克罗斯比（Philip Crosby）将质量实践定义为满足顾客要求，并将此实践应用于商业和制造业，但满足顾客要求对医学实验室而言也同样重要。医学实验室需要了解其顾客是谁，了解顾客的需求和要求。

医学实验室的顾客包括患者、医生、公共卫生机构和社区等。

**实验室责任**

实验室主任有责任确保客户的需求得到满足、顾客满意。实验室质量主管负责调查评估顾客满意度，通过采用调查问卷、监控指标和审核等方式，发现实验室存在的问题，并采取预防和纠正措施。

所有实验室人员必须理解顾客满意度的重要性。实验室人员必须始终以适当方式与顾客互动，提供顾客所需的信息，并保持礼貌。

| | |
|---|---|
| **建立提升顾客满意度的计划** | 提升顾客满意度，需要做到以下几点。 |

· 承诺：客户满意度是多项涉及实验室质量国际标准的要求，但部分实验室工作人员可能会认为其重要性不及技术能力。因顾客满意度在质量体系中的重要性，所有员工都必须给予高度重视。

· 计划：监控需要时间，计划需要认真完成好。在收集信息之前，需要先建立适当的监控方法。糟糕的计划会导致信息不充分，并经常造成信息无法解释。

· 知识：创建有用的监控方法需要特定的知识。如果实验室中缺乏具有相关知识的人员，则实验室可考虑安排人员接受专门培训或雇用顾问。

· 资源：监控过程不需要消耗大量资源，但需要时间。可以通过使用计算器、计算机和互联网来节省部分时间。

## 第2节　实验室顾客

**实验室及其顾客**

实验室的顾客很多，必须认真满足所有顾客的需求。实验室的核心顾客是医生或医疗服务人员，通常由他们向实验室发出服务请求，因此，实验室工作人员通常认为医生是实验室的主要顾客。然而不能忽略的是，在医院中，医生需要许多其他人的帮助，包括护士、医务助理、抽血技师、秘书和文员等，实验室应把这些重要的医护人员也视为实验室的顾客，并且考虑他们的需求。

实验室的另一个重要客户是患者，通常也包括患者家属。患者家属可能在患者管理中发挥非常重要的作用，并可能有助于样本的采集和运输。

当实验室检测的目的是为满足社会公共卫生需求时，公共卫生官员或工作人员是实验室的顾客。实验室是疾病监测、检测、预防，以及其他公共卫生计划的重要合作伙伴。实验室在解决问题时，需要满足公共卫生工作者的需求。他们有时需要在保护患者隐私的情况下共享相关信息。食品安全或水质检测实验室等专业实验室的顾客有所不同，他们的顾客会是食品生产商、制造商或水系统管理者等。

实验室所处的社区也对实验室有所要求。实验室需要向社区保证实验室不会对工人、访客或公众造成危害。

在许多国家，只有持有执照的医疗保健人员（医生、护士或牙医）才有权提出实验室检测请求。在某些国家，患者可无须经医生或护士同意而直接要求进行实验室检测。一些患者不具备正确选择试验项目或解释检测结果的知识和专业能力，实验室人员需要在试验项目选择和结果解释方面为其提供帮助。

**合法身份**　　国际标准要求实验室向公众公开其基本信息、管理人员及可检测项目，至少每个实验室必须公开实验室名称、地址、管理者姓名及相关联系信息。

**医生或医疗保健人员的要求**　　医疗保健人员希望获得准确的、临床相关的、便于理解和使用的信息。医疗保健人员需要实验室保证对检验前、检验中和检验后的全过程负责。

　　在检验前阶段，医生将会特别关注检测手册，手册中准确的样本采集方式、完整且用户友好的检测申请单和及时的样本运输系统对医生会有很大帮助。

　　在检测或检验阶段，医生希望能够与有能力的人员一起工作。他们需要知道所使用的检测方法是经过验证的，并且试验有良好的过程控制和质量控制。实验室对所有负面事件或差错的恰当管理，将影响医生对实验室的使用体验。

**患者的要求**　　医生希望实验室对检验后阶段有完善的管理，因为这些工作对检验结果的接收至关重要。一个可靠的实验室信息系统、一种结果验证方法，以及及时将正确和可解释的结果发送至正确的地方，都是非常重要的。

　　患者希望得到个人医疗服务，同时也注重舒适性和私密性。患者希望实验室进行正确的检测并及时将检测结果提供给医疗保健人员。

　　为满足患者需求，实验室需要做到以下几点。

- 提供充分的关于样本采集和实验室相关的信息。
- 提供完善的样本采集器材。
- 工作人员应训练有素并掌握相关知识。工作人员应知道如何正确采集样本，应对工作人员进行关于礼貌对待所有患者的培训。
- 正确保存实验室记录，以便可以轻松检索记录，并注意记录的保密性。

**公共卫生要求**　　　公共卫生专业人员与卫生保健人员的需求相同，要求检验前、检验中和检验后过程的所有部分都得到有效实施。在应对疾病暴发或流行病时，他们可能需要特殊类型的信息，例如，针对特定项目或调查设计的特定样本采集过程或表格。公共卫生官员还会特别关注安全问题和传染性污染材料的控制和隔离。

　　　食品制造商和生产商，以及水厂管理者等，需要实验室提供的检测信息以确保他们遵守特定的质量要求。

**社区的要求**　　　实验室所处的社区希望实验室能将有危害的材料保存在实验室范围内，防止扩散，并且希望实验室保护自己的工作人员免受危害。社区应了解传染性疾病的预警、监控及响应行动。

　　　实验室应负责安全保障，控制传染性材料。正确进行废物管理并遵守危险货物运输的所有规定。

**为所有顾客提供优质服务**　　　如果实验室实施质量体系管理，并寻求最高标准的认可，则所有顾客都会从中受益。这样可以确保实验室遵循质量管理规范，且其产生的检测结果准确可靠。

　　　良好的顾客服务有以下作用。

·提供有价值的信息，以为患者提供最佳治疗。

·提供有价值的信息，以改善监测和其他公共卫生活动。

·有助于树立实验室的专业形象。

顾客服务是质量管理体系不可或缺的一部分。

## 第3节　评估和监测顾客满意度

**评估方法**

　　为了解顾客的需求是否得到满足，实验室需要使用一些方法来获取相关信息。实验室需要积极地向顾客寻求信息，而不仅仅是等待顾客投诉后再与实验室联系。

　　有关顾客满意度的重要信息可以通过以下方式获得。

- · 投诉监控。
- · 质量指标。
- · 内部审核。
- · 管理评审。
- · 满意度调查。
- · 面谈及小组专题讨论。

　　监控顾客服务和顾客满意度是实验室不断改进的一部分。

**使用评估方法**

　　顾客可能会联系实验室进行问题咨询，这为实验室提供了重要信息。实验室应对所有此类投诉进行彻底调查，并采取补救和纠正措施。但是，收到的投诉可能仅反映顾客不满意情况的冰山一角，因为许多人并不会打电话来抱怨。实验室不能将收到的投诉用作评估顾客满意度的唯一方法。

　　质量指标是衡量实验室操作的客观指标，可以建立投诉次数、报告及时性、患者拒绝次数，以及实验室报告丢失或延迟次数等指标。通过监控这些指标可以获取有关顾客需求和满意度的信息。

　　当实验室进行内部审核时，可以检查对患者满意度影响较大的实验室活动。例如，医生或医疗保健提供方非常关心的从接收样本到出具检测报告的周转时间。

　　管理层应仔细审查调查中发现的所有问题，并采取适当的行动。

## 第4节　顾客满意度调查

**顾客调查**　　为有效了解顾客对实验室服务的满意度信息，有必要采取纸质或电子方式开展调查，或进行面谈和小组专题讨论。实验室通过这种方式可以解决所关注领域的特定问题，并可以看到投诉或内部过程通常无法涉及的领域。

　　ISO标准非常强调顾客满意度的重要性，ISO 9001质量管理体系要求进行顾客调查。任何实施质量管理体系的实验室，无论是否经过认证，都需要使用某种方法进行顾客调查，以了解实验室服务是否满足顾客需求。

　　应仔细计划和组织顾客调查，以确保成功。确定要邀请哪些顾客参加调查很重要。调查医疗保健人员通常比调查患者容易。实验室工作人员也可参与调查，并可能为简化操作、改善顾客服务提出很好的建议。

　　调查问卷应提前进行测试以确保表达清晰。在设计问卷内容时，需要避免有引导性和偏见性的问题。及时分析问卷调查结果，如有可能，应给予被调查的顾客一些反馈。

　　如果要使用面谈的方式进行调查，以下提示可能会有所帮助。

- 提前写下所有问题，以确保对每个人询问的问题相同。
- 在询问有关顾客对实验室的满意度的相关问题之后，可以提出一个开放式问题，使顾客能够提供诚实的反馈。例如，可以询问顾客认为实验室应如何改善其服务。

　　组织小组专题讨论是收集顾客满意度相关信息的有用技术。小组讨论的过程通常会引发所有参与者的评论和观点，否则这些评论和观点可能不会出现。在进行小组讨论时，需要考虑以下因素。

·召集8～10人的小组。

·包括具有不同背景和实验室需求的人员。

·首先提出可以建立信任的问题。

·制定小组专题讨论指南以确保各小组之间的一致性。

·提出开放性问题，而不是"是或不是"问题。

将口头讨论总结成书面报告，实验室可以将其用作改善顾客服务的工具。

**成功的调查可以发现改进机会**

无论通过顾客调查、指标监控或内部审核等何种方法来衡量顾客满意度，只要方法使用成功，实验室都可以获得许多信息。这些信息及其关于顾客服务的见解，可帮助实验室确定改进机会（opportunities for improvement，OFI）。OFI将促使实验室采取预防和纠正措施。

**信息收集必然会促使持续改进过程中变化的发生。**

## 第5节 总结

**总结**　　要获得顾客满意，需要实验室管理层和员工对顾客服务的承诺。需要注意技术能力不是实验室的唯一目标。

顾客满意度调查需要有良好的计划、开发适当的监控方法，并应用这些方法获得有用的信息。

实验室的顾客包括医生和其他卫生保健人员、医院和诊所工作人员、患者及其家属、公共卫生官员和普通社区等。

监控顾客满意度需要用到一些资源，其中主要是员工的时间。管理人员需要确保这些资源可用。

**关键信息**
- 满足顾客需求是实验室的主要目标。
- 实验室中的每个人应对质量负责，从而对顾客服务负责。
- 有效的质量管理体系可确保实验室满足所有顾客要求。

# 第14章

## 事件管理

## 第1节　概述

**在质量管理体系中的作用**

事件管理或实验室差错处理对于确保实验室提供优质服务十分重要。事件管理是质量12要素之一，必须纳入实验室质量管理。

本章阐述和解释了建立有效的事件管理程序必不可少的基本要素。

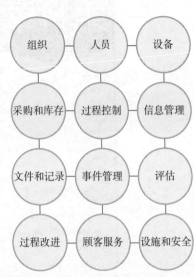

**过程概述**

事件管理是持续改进的核心，它是识别和处理差错或幸免差错（也称为幸免事件）的过程。事件管理程序的目标是纠正检测过程中因事件和流程改变而导致的的检测或沟通方面的差错，以使错误不再发生。

管理良好的实验室都将定期评审他们的系统，发现可能在将来某个时候引起差错的过程问题，从而防止这些错误的发生。

**定义**

事件是指对组织，包括人员、产品、设备或操作环境产生负面影响的任何事变。所有此类事变都必须纳入事件管理程序。

## 第2节　实验室差错的来源和后果

**实验室差错的原因**

　　实验室中一些常见的错误原因可能很容易识别，也很容易纠正。例如，由于工作人员不清楚谁负责执行特定任务，没有完成相应操作，由此导致的一些差错。为了防止此类差错的发生，必须明确规定并让员工知晓各自的岗位职责。

　　如果未编写或未遵循操作程序，以及未对员工进行充分的培训，也会发生差错。书面程序可作为所有员工的操作指南，有助于确保每个人都知道该怎么做，并确保正确遵循这些书面程序。同时，需要对员工进行执行相关程序的培训，如果忽略了培训，则可能导致差错发生。

　　还有一些常见的其他来源的差错。这些差错可能发生在检验前和检验后过程中，但差错可能贯穿整个检测过程。

　　一些研究有助于了解实验室差错的来源，其中一项回顾性数据收集研究发现澳大利亚病理实验室的记录抄写错误率高达39%，分析结果的错误率高达26%[1]。在一份美国病理学院和疾病预防控制中心结果工作组合作的报告中，描述了临床实验室工作过程中的差错分层，在超过88 000个缺陷中，41%发生在试验的检验前阶段，55%在检验后阶段，仅有4%在检验阶段[2]。

**检验前的差错**

　　常见的检验前过程差错如下。

- ·样本采集错误。
- ·样本贴错标签或未贴标签。
- ·检验前样本不正确存储使样本变质。

1 Khoury M et al. Error rates in Australian chemical pathology laboratories. *Medical Journal of Australia*, 1996, 165: 128-130 (http://www.mja.com.au/public/issues/aug5/khoury/khoury.html).
2 Bonini P et al. Errors in laboratory medicine. *Clinical Chemistry*, 2002, 48: 691-698 (http://www.clinchem.org/cgi/content/full/48/5/691).

· 样本在不正确的条件下运输，可导致样本损坏或危害人员和公共安全。

· 试剂或检测试剂盒存放不当导致损坏。

**检验过程中的差错**

检验过程中发生的常见差错如下。

· 未能遵循既定的判定规则（例如用于HIV检测）。

· 当质控品的检测超出控制范围时，报告了检测结果。

· 样本或试剂的检测过程不正确（通常是稀释或加样错误）。

· 使用未正确存放的试剂或使用了过期试剂。

**检验后的差错**

在检测样本后会发生许多常见的实验室差错，其中一些可能很难被发现。

· 在准备报告时出现抄写错误。

· 报告难以辨认。通常是由于笔迹较差所致，但有时是由于报告表格损坏而造成。

· 将报告发送到错误的部门或位置，这通常会导致报告丢失。

· 无法发送报告。

**实验室差错的后果**

实验室是所有健康系统的重要合作伙伴，必须很好地履行其职能，帮助确保健康计划和干预措施产生良好效果。实验室角色失败会产生重大影响并产生以下后果。

· 患者治疗不充分或不适当。

· 不适当的公共卫生行动。

· 未发现的传染病暴发。

· 资源浪费。

· 人员伤亡。

## 第3节 事件的调查

**事件管理循环包括调查**

　　事件的管理循环反映了事件的管理过程。事件发现后，必须对所有方面进行调查以找出问题的原因。调查将有助于制定必要的纠正措施，并确保问题不再发生。必须充分开展必要的沟通，包括通知每一个医疗保健提供方，他们的顾客可能会受到事件的影响。

**发现事件**

　　通过各种方法的调查，可以发现事件。监控投诉和满意度调查可提供很多信息。实验室一旦建立并监控质量指标，就会发现检测过程中的缺陷。外部评价手段如能力验证、室间质量评价、认可和认证过程等都有助于实验室事件管理。内部审核是非常有价值的实验室管理手段，内部审核可以在任何时间进行。实验室过程改进的努力程度将决定改进机会。

　　实验室管理层有责任评审这些手段所获得的所有信息，寻找固定或重复差错产生的基本模式和潜在原因。

　　调查过程包含收集导致问题发生的完整和详细信息，以及全面深入分析以确定导致问题发生的所有因素。

**根本原因分析**

　　解决问题最积极、最完整的方法是寻找问题的根本原因，这不仅是彻底的检查，而且是一种有计划和有组织的解决问题方法，不仅可以发现问题的表面原因，还可以发现更深层次或核心问题。在某些情况下，事件很可能会反复发生，直到发现真正的根本原因并得到解决。

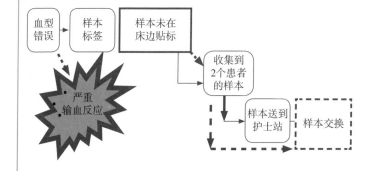

## 第4节　事件的管理和纠正

**事件纠正**　　　事件是对组织产生负面影响的任何事变，包括人员、产品、设备或环境。

差错可以采取多种措施来纠正。

- 预防措施包括对过程和程序进行有计划和有组织的评估，以识别潜在的差错点，因此，可以采取措施防止已出现过的错误再次发生。预防措施需要计划和团队的参与。

- 补救措施是指修复由于错误导致的任何后果。例如，如果报告了错误的结果，则必须立即通知所有相关人员并提供正确的结果。

- 纠正措施针对差错的原因。如果不正确的检测导致了不正确的结果，纠正措施将找出为什么未正确执行检测的原因，并采取措施以使错误不再发生。例如，一台设备可能已发生故障，纠正措施将是对设备重新校准、维修或以其他方式解决设备问题。

**事件管理过程**　　实验室应建立一套系统，对每个实验室问题或差错进行及时调查。处理差错或事件的管理过程涉及以下步骤。

- 使用有效手段，建立发现所有问题的过程。切记除非有一个有效的系统来发现问题，否则这些问题可能不会被发现。

- 保留所有问题事件的日志，记录差错、调查活动，以及采取的任何措施。

- 调查发现问题的原因，仔细分析可用的信息。

- 采取必要的措施（补救和纠正措施）。如果在实际发生差错之前发现问题，请采取预防措施。

- 监控并观察原始问题是否再次发生，请记住可能存在系统性问题。

- 向所有需要该信息的人，以及受差错影响的人提供信息。

**职责** 实验室每个人都有责任监控实验室事件的发生。但重要的是应指定负责人，并将所有员工的力量和活动集中纳入有效管理过程中，在许多情况下，这是实验室主任、实验室主管或质量主管的责任。

## 第5节　总结

**总结**　　事件管理是实验室质量管理的一个组成部分。事件管理应建立发现差错并防止差错再次发生的方法，同时能够主动识别潜在差错，并防止差错发生。

实验室应采用有效的过程进行事件管理。并采取积极的态度，尽力尽早发现问题，然后立即采取补救和预防措施。积极主动寻求潜在差错的机会，从而防止事件的发生。最后，妥善保存所有问题、调查和采取措施的相关记录。

**关键信息**　　实施质量管理的实验室与没有实施质量管理的实验室之间的区别在于，前者可以及时发现问题，进行调查并采取措施。

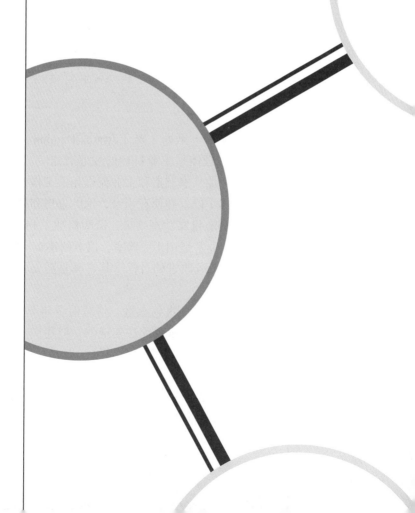

# 第15章

## 过程改进

## 第1节　概述

**在质量管理体系中的作用**

　　过程改进是质量体系12要素之一，它建立了一个程序，有助于确保实验室质量的持续改进。实验室过程的持续改进对于质量管理体系至关重要。

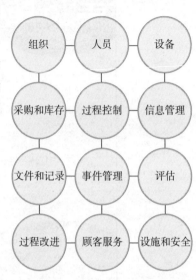

**历史起源**

　　爱德华兹·戴明（W. Edwards Deming）是持续改进这一质量管理体系主要目标的发起者之一。从20世纪40年代开始，他从事制造和工业流程相关工作，并引入许多质量改进的手段。即使在当今，他的思想和概念仍可以产生可靠的高质量实验室结果。戴明概括了14个质量要点，其中许多点非常适用于实验室。以下阐述2个要点。

- 建立持续改进的目标。其含义是需要不断努力以改善过程。
- 不断改进，直到永远。持续改进将是永恒的目标。尽善尽美是永远无法实现的，但我们会尽力做到完美。过程改进从不会完结，而是"永远"继续的事情。

**戴明的PDCA循环**

　　戴明的计划—执行—检查—行动（Plan-Do-Check-Act, PDCA）循环显示了在任何过程中如何实现持续改进。

- 计划：识别问题和系统弱点或差错的潜在根源，决定信息收集的步骤。计划时提出问题："您如何才能最好地评估当前状况，并分析问题的根本原因？"使用通过这些方法收集到的信息，制订改进计划。
- 执行：实施已制订的计划，将计划付诸行动。
- 检查：即监控过程。使用专项评审和审核过程来评估采取措施的有效性非常重要。如果系统弱点很复杂，可能需要初步研究，以了解所有复杂性。在"检查"之后，根据需要修改计划，实现所需的改进。
- 行动：采取任何需要的纠正措施，然后重新检查，以确保解决方案有效。这个循环是一个连续过程。实验室可以不断重新开启计划过程，以持续进行改进。

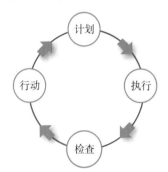

这是一个持续改进的过程，在实验室中，这一过程适用于工作流程中的所有程序和过程。

**ISO 的持续改进过程** ISO 15189［4.12］描述了一组与戴明理论非常相似的活动，以实现实验室的持续改进。这些活动概述如下。

- 确定任何系统弱点或差错的潜在来源。
- 制订实施改进的计划。
- 实施计划。
- 通过有重点的评审和审核过程来回顾措施的有效性。
- 根据评审和审核结果调整行动计划，并修正质量管理体系。

## 第2节　过程改进工具

**什么是过程改进**

　　过程是有助于达到目标的一系列行动或操作。在某种情况下，输入（患者样本）会变成输出（患者检验结果），是因为执行了某项操作、活动或功能。过程改进是一种系统的、周期性的方法，用于提高实验室质量、改进输入和输出，以及使得这些过程结合得更好。这是解决问题的一种方式。如果存在难以描述的复杂问题，实验室就需要改进1个或多个过程。

**常规改进工具**

　　已经开发了许多有用的技术方法用于过程改进。在本手册的其他章节已经就一些技术方法进行了讨论。例如，内部审核和外部审核都能够识别系统的弱点和问题所在。参与室间质量评估是另一个有用的手段。它可以将本实验室的性能与其他实验室进行比较。

　　应对通过这些方法收集到的所有信息进行管理评审。此外，应定期对实验室记录进行管理评审，例如，质量控制、库存管理和设备维护记录。这些评审将为需要改进的方面提供有用信息。

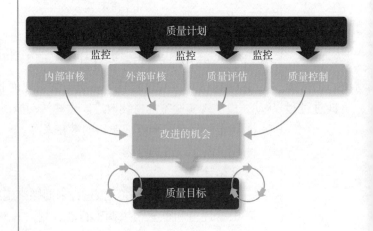

利用评审和审核中获得的信息，以及通过监控组织的顾客投诉、员工投诉、差错、幸免差错或幸免事件的过程，可以识别出改进的机会（opportunities for improvement，OFI）。这些OFI将成为纠正措施的重点。

进行审核或评估实验室记录时，重要的是要有一个目标或执行标准，因此，需要制定质量指标，并使之发挥重要作用。

按目标制订计划，实施监控产生OFI，OFI又可以引导创建新的计划，新计划的实施导致持续改进。

**较新的工具**　　用于持续改进的新观念和方法始终来自制造业。其中有以下2个方法已用于改善实验室质量。

- 精益管理是为了改进工作流程的具体现状，优化空间、时间和活动过程。该行业方法适用于实验室。目前，许多实验室都在致力于创建精益系统。精益分析可能会导致流程改变和实验室平面布局的变化，这将节省时间和财务资源，并有助于减少工作流路径中的错误。

- 六西格玛（Six Sigma）也是制造业提出的概念。它以实施变革和改进为目的，为项目的计划过程构建了一个正式的结构。在六西格玛中，重点是把误差降低到最低水平。六西格玛中描述的过程是定义、测量、分析、改进和控制，这些观点与前述观点类似。六西格玛概念采用了非常结构化的方法来实现这些过程（本章将不深入探讨六西格玛，此处阐述的目的是便于读者熟悉该术语。有关六西格玛信息的来源，请参阅第15章参考列表）。

## 第3节 质量指标

**什么是质量**

通常，为了能够更加清晰地理解、思考一些定义，诸如质量等术语的含义是非常有用的。菲利普·克罗斯比（Philip Crosby）在其于20世纪60年代发表的关于质量管理的论文中，将质量定义为"符合要求，而不是'良好'或'优雅'"。

**什么是质量指标**

用于确定组织满足需求、运营和绩效期望程度的既定测量方法，这是从功能上对质量指标的一种较好的解释。

质量指标在ISO 9001和ISO 15189文档中有所体现。

ISO 9001［5.4.1］要求质量目标应该是可测量的。因此，目标或指标必须是可量化的或可分析的，以用于评估质量体系的成功与否。

ISO 9001［8.4］更具体地要求收集和分析能够确定有效性和持续改进的特定信息或数据。需要考虑的一些指标，包括顾客满意度、顾客对产品要求的符合性、采取预防措施的数量，以及确保供应商提供的材料不会对质量产生不利影响。

ISO 15189［4.12.4］明确实验室应实施质量指标，以系统地监控和评估实验室对患者医疗保健的贡献。一旦该程序确定了存在改进机会，无论发生在何处，实验室管理层都应实施改进。此外，ISO15189还明确，实验室管理层应确保医学实验室参加与患者医疗保健领域和结果相关的质量改进活动。

**质量指标的目的**

质量指标是可以测量的信息，并有以下目的。

· 提供过程运行相关的信息。

· 确定服务质量。

· 突出潜在的质量问题。

· 确定需要进一步研究和调查的领域。

· 随时间推移追踪变化。

## 第4节 选择质量指标

**基本指引**

　　在选择用于测量绩效的质量指标时，绩效测量先驱马克·格雷厄姆·布朗（Mark Graham Brown）提出了以下有用的指引[1]。

- 越少越好。也就是说不要尝试过多的质量指标，因为追踪会很困难。很少有实验室可以一次有效地使用超过5个或6个指标。
- 将指标与有效运行所需的因素联系起来。选择为达到更好运行效果而需要纠正的相关质量指标，选择对实验室最有意义的那些指标。
- 测量（指标）应基于并围绕顾客和利益相关方的需求。
- 指标的测量应涵盖实验室的各个层面。如果可能，不仅包括评估高层管理人员职能的指标，还可将指标应用于所有层级的员工。
- 指标的测量应随环境和策略的变化而变化。请勿长时间使用相同的指标。
- 指标测量的目的和目标应基于理性价值而非便利价值。指标的测量应建立在研究的基础上，而不是随意的估计。

**制定成功的指标**

　　质量指标（也称为度量标准）是采用客观方法定期进行检查的具体目标，以确定应遵从的目标是否得到满足。组织建立质量指标时，应确保以下内容。

- 目的：指标必须是可测量的，并且不依赖于主观判断。必须有具体的证据表明事件（或指标）发生或未发生，或者明确达到了目标。
- 可用的方法：确保组织拥有完成必要测量所需的工具或手段。实验室必须具有收集信息的能力，如果数据或信息收集需要专用设备，应确保在启动之前该专用设备可用。

1 Brown MG. Baldridge award winning quality: How to interpret the Baldridge criteria for performance excellence. Milwaukee，ASQ Quality Press，2006.

- 界限值：在开始测量之前，实验室需要确定其可接受范围，包括上限和下限。预先确定可接受的限值，即在什么情况下需要引起关注，以及需考虑采取什么措施。例如，每个月可以接受多少次延迟报告？发生了多少次就被认为需要采取纠正措施？发生了多少次意味着需要立即修改行动方案？
- 解释：在开始测量之前，实验室需要确定如何解释指标信息。首先，应了解如何解释已收集到的信息。例如，如果您正在监控已完成的申请单，并查看它们是否正确，则需要知道您检查了多少份样本。它们是其中的一部分还是全部，以及是仅针对一种类型的样本还是全部类型的样本。
- 局限性：组织应准确了解指标所提示的信息，并清楚测量指标不能发现和确定的问题。例如，如果收集事故或差错的数量，您是否知道所有事件都已被报告？
- 展示：组织必须决定如何呈现信息以充分显示其价值。某些信息最好体现在表格中，而另一些信息最好通过纵向条形图或文本显示。当寻求预测未来结果的趋势时，信息展示非常重要。
- 行动计划：在开始使用指标之前，实验室应考虑如果指标表明存在问题，应采取什么行动。还要确定如何收集信息、谁来收集信息，以及收集多长时间的信息。
- 退出计划：由于测量会花费时间和资源，因此，应制订一个计划确定何时停止使用特定指标，并用另一个指标代替。通常，当最初的指标显示运行正常且稳定时，便可以采用这种退出计划。

在制定质量指标时，应组织熟悉相关业务和产出的基层员工参与质量指标的制定工作。计划过程最好以小组完成，而不是仅由质量主管来完成。让从事实际工作的人员参与进来，成功的机会就会增加。

**优质指标的特征**

优质的质量指标（也称为度量标准）具有以下特征。

·可测量的：证据可以被收集和计数。

·可实现的：实验室具有收集所需证据的能力。

·可解释的：一旦收集到信息，实验室就可以得出对实验室有用的信息结论。

·可操作的：如果指标信息反映出差错程度很高或不可接受，则可以对发现的问题采取措施。

·平衡性：指标应包括对检验前、检验中和检验后整个检测周期的多个方面实施检查测量。

·参与度：指标应检查所有员工的工作，而不仅仅是一组人员。

·时点性：考虑指标具有短期和长期影响。

实验室会产生很多信息，但可测量的所有事物并不一定必须作为信息分析。例如，计算机可以以多种方式分析数据，但这并不总是意味着该信息对于持续改进活动很有用。

马克·格雷厄姆·布朗（Mark Graham Brown）警告说："许多组织花费数千小时来收集和解释数据，但很多时候不过是浪费时间，因为它们分析了错误的测量指标，导致决策不准确"[1]。

**质量指标的一些示例**

所有实验室都应考虑实施一个过程，使用一套指标，覆盖检验前、检验中和检验后过程，以及患者保健体系。

2005年在美国进行的一项医学实验室研究表明，当时最常使用的监测指标是能力验证、质量控制、人员能力、检测周转时间，以及患者识别及其准确性[2]。

1 Brown MG. *Using the right metrics to drive world-class performance*. New York，American Management Association，1996.

2 Hilborne L. Developing a core set of laboratory based quality indicators. Presented at Institute for Quality in Laboratory Medicine Conference，Centers for Disease Control and Prevention，Atlanta，GA United States，29 April 2005 (http：//cdc.confex.com/cdc/qlm2005/techprogram/paper_9086.htm).

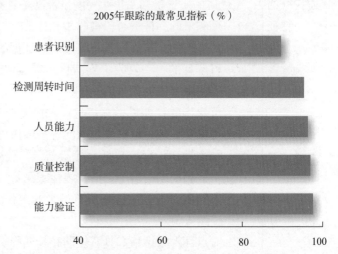

2005年跟踪的最常见指标（%）

重要的是要注意在理想情况下，医疗保健中使用的质量指标应与患者的病情相关联，然而对于实验室指标而言，这是非常困难的，因为患者的预后取决于一系列复杂的情况，包括年龄和潜在疾病、疾病阶段、诊断阶段和治疗阶段。因此，实验室通常使用质量指标，而不是患者的健康结果。

## 第5节　实施过程改进

**实施过程改进的要点**

　　无论使用哪种技术方法，持续改进都需要组织内部人员的积极行动和参与。一些必要的工作应由实验室管理者完成，这也是他的重要职责，而其他一些需要全员参与才能成功。这些关键因素和步骤如下。

- 各级实验室人员的承诺。改进需要保持一贯的意识和活动。这是一项全职工作任务，员工需要投入时间。
- 精心计划以实现目标。在实施行动计划之前，有很多事情要考虑：①差错的根本原因；②风险管理；③失效、潜在失效和幸免事件；④成本、收益和优先级；⑤不作为的代价。
- 支持改进活动的组织结构。
- 领导力：高层管理人员必须参与，并提供支持。
- 指定承担常规工作任务的人员的参与和互动。这些员工最有可能知道，并了解他们每天定期做的事情，没有他们的参与，改进计划就很难获得持久的成功。

**质量改进计划**

　　在制订和实施质量改进行动计划时，需要考虑许多因素。

- 差错的根本原因是什么？为了纠正差错，必须确定问题的根本原因或潜在原因。
- 实验室如何管理风险？风险管理应考虑到问题发生的风险与解决问题所涉及的成本和精力之间的权衡。
- 失效、潜在失效和幸免事件属于实验室问题的范畴。通常失效最经常被识别出来，因为系统失效常立即显现。失效需要作为持续改进的一部分来解决，但一个好的过程改进计划会尝试识别不明显的潜在失败及幸免事件（那些几乎就要发生失败的情况）。
- 任何过程改进计划，都必须考虑改进的成本、效益，以及行动的优先级。这些决定与风险管理的概念有关。

- 最后，还要着重关注不作为或采取行动失败的代价。应考虑如果不纠正实验室质量体系中的问题，实验室所花费的财力成本、时间或不利影响有多大？

**领导的角色**

戴明早期发现，没有高层管理人员的明确、积极和开放的参与，质量管理人员无法成功实现持续改进。持久的领导力必须来自高层。

良好的领导力才能培养改进的文化，包括以下几个方面。

- 开放性：必须让所有人都理解该过程，并且必须认识到，所有实验室人员都将有好的想法来帮助改进。
- 承诺：必须明确传达对改进过程的支持，以及将会发生的改进。
- 机会：好的领导者将确保所有员工都有机会参与改进过程。

**参与过程**

切记，高层管理人员、质量主管和顾问，并不了解基层员工所做的一切，并且常不清楚员工的所有任务。让所有基层员工参与过程改进计划非常重要，因为他们的认知和支持也是必不可少的。此外，当员工知道他们可以有所作为时，他们能够指出可以避免的潜在问题，从而使实验室受益。

持续改进需要领导和基层团队的共同参与。

**质量改进活动**

以下是关于如何策划质量改进活动的步骤。

- 制订日程表，并且所承担工作的完成时间不应超过所制订的时间框架。
- 采用团队合作的方式，让基层员工参与其中。
- 使用适当的质量改进工具。
- 采取纠正或预防措施。
- 向管理层和实验室人员报告质量改进活动，发现和纠正措施的进展。

| 活动编号 | 2008 | | | | 2009 | | | |
|---|---|---|---|---|---|---|---|---|
| | I | II | III | IV | I | II | III | IV |
| 1. 标本采集-血液学 | ▪ | | | | | | | |
| 2. ELISA检测周转时间 | | | ▪ | | | | | |
| 3. 医生投诉-抗酸杆菌涂片 | | | | | ▪ | | | |
| 4. 化学仪器质量控制 | | | | | | ▪ | | |

如果可能，尽量设计一项研究，以便可以对测量结果进行统计处理。利用可用信息来选择研究主题，举例如下。

· 顾客的建议或投诉。

· 从事件管理程序中识别出的差错。

· 内部审核中发现的问题。

**淘汰质量指标**

**请考虑每6个月不超过一个项目的原则。**

质量指标只有在能够提供有用的信息的情况下才可持续使用。一旦质量指标表明运行稳定且没有差错，请选择新的质量指标。

## 第6节  总结

**持续改进**

持续改进包括如下过程。
- 识别问题。
- 分析数据和过程。
- 确定问题的根本原因。
- 产生解决方案的思路。

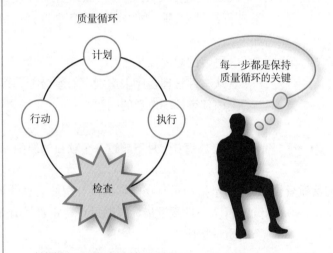

质量循环

每一步都是保持质量循环的关键

持续改进是质量管理的核心，它需要承诺、计划、组织结构保障、领导、全体参与和按计划行动。

**关键信息**
- 对于任何实验室来说，质量数据都是非常重要的目标。
- 持续改进是有效的实验室质量管理体系运作的结果。

# 第16章

## 文件和记录

## 第1节 介绍

**在质量管理体系中的作用**

　　文件和记录的管理是质量体系12基本要素之一。文件和记录的管理系统包括文件和记录的使用及维护。保留文件和记录的主要目的是可以在需要时查到想要的信息。

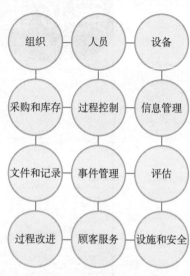

**文件和记录的区别**

　　文件是以书面形式提供相关政策、过程和程序信息的载体。文件有如下特征。

- 将信息传达给所有需要的人，包括实验室工作人员、用户和实验室管理人员。
- 需要更新或维护。
- 必须在政策、过程或程序更改时进行更改。
- 通过使用标准化表格来建立记录和报告信息的格式。一旦这些表格用于记录信息，它们便成为记录。

　　文件包括质量手册、标准操作程序和辅助作业程序等。

　　记录是实验室在进行检测及报告结果过程中收集的信息。记录的特征如下。

- 需要易于检索或获取。
- 包含永久性信息，不需要更新。

　　记录包括完整的表格、图表、样本日志、患者记录、质量控制信息及患者的报告等。

　　信息是实验室的主要产品，因此，需要使用良好的管理系统对实验室的文件和记录进行认真管理。

## 第2节    文件概述

文件包括实验室的所有书面方针（政策）、过程和程序。为了编写实验室文件，需要理解每个要素及它们的相互关联。

**政策是什么**

方针（政策）是"由组织内部人员定义，并得到管理层认可的，表达组织的总体意图和方向的文件声明"[1]。方针（政策）为质量体系提供了宽泛而笼统的方向。方针（政策）具有以下特点。

· 以宽泛和笼统的方式说明"做什么"。

· 包括对组织任务、目标和宗旨的说明。

· 作为质量体系的框架，应始终在质量手册中说明。

**尽管国家方针（政策）对实验室运行有影响，但每个实验室应针对其自身运行来制定自己的方针（政策）。**

**过程是什么**

过程是执行质量方针（政策）的步骤。ISO 9000 [4.3.1][2] 将过程定义为"一组将输入转换为输出的相互关联或相互作用的活动"。

实验室输入包括检测请求、样本和信息需求等。实验室输出包括实验室数据和结果报告等。以上述内容为例的过程可能是如何将检测请求（输入）转换为检测结果（输出）。

过程的另一种理解方式是"如何发生"。过程通过一系列步骤，说明事件在一段时间内应如何发生，通常可以用流程图表示。

1 CLSI/NCCLS. *A quality management system model for health care*; *approved guideline—second edition.* CLSI/NCCLS document HS1-A2. Wayne, PA, NCCLS, 2004.

2 ISO 9000: 2005. *Quality management systems—fundamentals and vocabulary.* Geneva, International Organization for Standardization, 2005.

**程序是什么**　　程序是过程中的特定活动（ISO 9000［3.4］）。程序通常被描述为试验的执行，实验室人员应对程序非常熟悉。

程序解决"如何做"的问题，并分步进行说明，实验室工作人员应认真遵循程序中的每一步活动。术语"标准操作规程（standard operating procedure，SOP）"通常是指操作方法的详细指导。

辅助作业程序或作业指导书是SOP的简化版本，可以张贴在工作台上，以方便在检测过程中参考。它们旨在补充而非取代SOP。

**文件层级**　　表示方针（政策）、过程和程序之间关系的一种好方法是树的结构。方针（政策）由根表示，它们构成所有其他部分的基础。可以将过程视为树的树干，代表实验室的一系列步骤或操作流程，树木的叶子可以看作是程序。实验室中，将有许多活动或工作的程序。

程序

过程

政策

质量手册是由实验室制定的，依据所建立的方针（政策），定义质量体系的总体指导性文件。文件层级中的下一个是过程，即一系列活动。程序来自过程或构成过程的一部分，这些通常称为SOP。作业指导书或辅助作业程序是SOP的简化版本。最后，使用表格记录结果，一旦填写完成就成为记录。

**为什么文件很重要**　　文件是所有实验室操作的基本指南，每个实验室应具有以下重要文件。

- 质量手册：质量手册是质量体系的总体指导文件，为质量体系的设计和实施提供框架。实验室应拥有ISO认证的质量手册（质量手册将在本章第3节和第4节中进一步讨论）。

- SOP：SOP包括在实验室执行的每个操作步骤的文字说明。这些说明有助于确保实验室中每位员工检测步骤的一致性。

- 参考资料：为了方便获得关于疾病、实验室方法和程序的科学的临床信息，实验室需要有好的参考材料。当出现难以解释的问题时，需要查找相关参考资料或教科书。例如，在显微镜下检查样本中的寄生虫时，相关参考资料的图片和描述性信息可能会有帮助。

正式的实验室标准要求有书面文件，包括申请认可的有关文件。标准通常要求方针（政策）和程序是书面的和可用的。大多数审核或评估活动都包括对实验室文件的检查。这些文件是评估实验室的重要元素。

文件是质量体系的表达载体。所有的方针（政策）、流程和程序必须书面化，以便每个员工都知晓并执行正确的程序。仅有口头指示可能会被忽视、被误解，且很快就会被遗忘，也难以遵循。实验室内外的每个员工都必须准确地知晓每个实验步骤在做什么，以及该做什么。因此，所有的指导文件都必须文件化，以便所有需要的人都能找到并使用。

文件反映了实验室的组织及其质量管理。一个管理完善的实验室一定拥有大量的文件来指导其工作。

文件编写需要遵循的规则是"做您写的事，以及写您在做的事"。

| 什么是好的文件 | 文件表达了在实验室中所做的事情。好的文件应具备以下特点。 |

- 文字简洁明了，避免文件中冗长，不必要的解释。
- 以用户友好的风格编写，建议使用标准格式，便于员工熟悉总体结构并易于新进人员使用。
- 文件内容清晰，准确地反映所有实施的措施、职责和计划。
- 定期维护文件，以确保其始终处于最新状态。

**文件的可获取性**　　所有工作人员都必须可在工作过程中获取文件。样本管理人员应可直接查阅样本管理程序。检验人员需要将SOP放在方便拿到的位置，也许还要在检测操作区视线好的位置张贴辅助作业程序。检测人员需要能够立即查看质量控制图和设备故障排查说明。所有员工应都能查阅到安全手册。

## 第3节　质量手册

**什么是质量手册**

质量手册是描述组织质量管理体系（ISO 15189）的文件。其具有以下作用。

- ·清晰地传达信息。
- ·作为满足质量体系要求的框架。
- ·传达管理层对质量体系的承诺。

由于质量手册是实验室质量管理的重要指导和路线图，应对所有实验室人员进行质量手册使用及应用的培训。应指定专人负责质量手册的及时更新。

**撰写质量手册**

尽管ISO 15189标准要求实验室应有质量手册，但未指定样式和结构，因此，质量手册的编写方式比较灵活。质量手册可以由实验室编写，从而使手册最实用，并适合实验室及其顾客的需求。

在编写质量手册时，最好成立指导委员会。由于质量手册需要根据实验室的特定需求量身定制，每一个机构都需要认真考虑如何更好地选择需要的人加入指导委员中，其中应包括实验室的方针（政策）制定者，还必须有基层技术人员，以利于发挥他们的专业优势，并获得他们的支持。

质量手册应说明质量体系12项基本要素中每个要素的方针（政策），应描述所有相关质量过程是如何发生的，并记录所有SOP版本及其位置。例如，SOP是整个质量体系中的一部分，尽管通常SOP太多而无法直接包含在质量手册中，但手册应列出已经建立的SOP，并表明这些SOP已被编入SOP手册中。

关键点

质量手册的关键点如下。

· 只有一个正式版本。

· 质量手册永远不会完成，应一直在改进。

· 所有人均可阅读、理解和接受。

· 应该用清晰易懂的语言编写。

· 质量手册应注明日期并由管理层签署。

编写质量手册是一项非常艰巨的工作，但对于实验室非常有益和实用。

## 第4节　标准操作规程

**什么是SOP**　　　SOP也是一种文件，其中包含了每一步操作的文字说明，实验室人员在进行检测时应认真遵循。实验室中进行的每个程序都有对应的SOP，因此，实验室会有许多SOP。

SOP文本应确保以下几点。

- 一致性：每个员工都应以完全相同的方式进行检测，从而所有人都可以期望得到相同的检测结果。而检测的一致性有利于利用检测结果观察患者某指标随时间变化的情况。如果不同实验室使用相同的SOP，则其结果具有可比性。必须强调，所有实验室人员必须严格遵循SOP。
- 准确性：实验室人员按照文本程序进行检测，比仅靠其记忆进行检测得到的结果更准确，因为他们不会在检测过程中忘记检测步骤。
- 质量：一致（可靠）和准确的结果是实验室的主要目标，这也是实验室质量的定义。

一个好的SOP应具有以下特点。

- 详细、清楚、简洁，以便使不常操作此程序的工作人员也能按照SOP完成工作。SOP应包括所有必要的详细信息，例如，环境温度要求和准确的计时说明。
- 对接受培训的新进人员或学生是易于理解的。
- 由实验室管理者审查和批准，批准需要有签字和日期，这有助于确保实验室检测中使用的程序是合适的且是最新版本的。
- 保持定期更新。

**标准化格式**　　　建议使用标准化格式的SOP，以便员工可以轻松识别信息。

题头是格式的重要部分。以下是编写SOP时可以使用的2种不同类型的题头。

· 完整的题头：通常题头会出现在每个SOP的首页上。标准化的表格使员工可以轻松地快速了解相关信息。

| TLM/MSH微生物部政策和程序手册 | 政策编号<br># MI/RESP/11/v05 | 第1/5页 |
|---|---|---|
| 章节：呼吸道培养操作手册 | 主题名称：痰（包括气管内管和气管造口标本） | |
| 签发人：实验室管理员 | 起草日期：2000年9月25日 | |
| 批准：实验室主任 | 修订日期：2006年9月14日 | |
| | 年度复审日期：2007年8月13日 | |

· 简化的题头：这种标准形式包括一个较小的题头版本，该题头会出现在除第1页以外的所有页面上。

| TLM/MSH微生物部政策和程序手册<br>呼吸道培养操作手册 | 政策编号<br># MI/RESP/11/v05 | 第2/5页 |
|---|---|---|

**准备SOP**　　准备SOP时有一些注意事项。首先，需要评估该程序科学上的有效性。然后，在编写程序时应包含正确执行该程序的所有步骤和详细信息。SOP应参考相关程序，这些程序可能是单独编写的，如样本采集或质量控制的操作说明。最后，必须建立确保SOP及时更新的机制。

SOP应包括以下内容。

· 标题：试验名称。

· 目的：包括试验相关的信息（为什么试验如此重要？如何使用它？该试验是用于筛查、诊断或追踪疗效？是否用于公共卫生监测？）。

· 操作说明：整个检测过程的详细信息，包括检验前、检验中和检验后阶段。

· 编写SOP的人员姓名。

·批准管理人员的签名和批准日期：必须遵循实验室的质量方针（政策）和法规要求。

检验前操作说明应包含样本采集、运输至实验室，以及正确处理样本所需的条件。例如，在操作说明上应写明样本是否需要防腐剂，以及是否应冷藏、冷冻或在室温下保存。操作说明还应反映实验室关于样本标签的政策，例如，要求确认多种类型的患者身份，在样本标签上写明采集日期，并确保检测申请表中包含所需的所有信息。

检验操作说明应包含需要遵循的实际分步检测程序和所需的质量控制程序，以确保结果的准确性和可靠性。

检验后操作说明应包含有关结果报告的信息，包括使用的计量单位、正常（参考）范围、危及生命的范围（也称危急值），以及紧急报告的处理方法。还应包含该程序引用的公开发行的参考资料，包括能够证明该程序在科学上有效性的公开证据。

**制造商说明书**

制造商随产品提供的说明书写明了如何进行检测，但并不包括与实验室方针（政策）有关的其他重要信息，例如，记录结果的方式、按检测顺序的判断规则和安全措施。制造商的说明书，可能有质量控制程序的建议，但实验室制定并实践的质量控制方案会更加全面。不能仅按照制造商的产品说明书来编写SOP，而是应结合说明书中的信息编写适用于特定实验室的SOP。

**什么是作业辅助程序**

作业辅助程序是SOP的简化版本。它是为方便在检测站点中直接使用而设计的。应将其放在显眼的位置，随时提醒工作人员需要完成的步骤。作业辅助程序和SOP的操作说明必须相同。如果将作业辅助程序分发给实验室以外的机构，应确保其信息与SOP的内容相匹配。外部实验室评估人员经常会检查作业辅助程序和SOP的一致性。

作业辅助程序是SOP的补充而非代替品，作业辅助程序中不包含SOP中的所有详细信息。

## 第5节 文件控制

**文件控制的目的**

依据其定义，文件需要不断更新。因此，必须建立一个系统，以确保实验室始终使用最新版本的文件。文件控制系统提供了文件格式化和文件维护的程序，并且应注意以下几点。

· 确保始终使用最新版本的文件。

· 确保文件的可用性和易用性。

· 在需要更换文件时进行适当的文件归档。

**文件控制要素**

文件控制系统提供了一种文件格式化的方法，使文件易于管理，并建立了维护文件目录的过程。在此系统中实验室需要有以下要素。

· 包含编号系统在内的统一文件格式，以及识别文件版本（日期）的方法。

· 新文件的正式批准程序，文件发布计划或清单，以及实验室文件的更新和修订程序。

· 实验室的所有文件的主日志和目录清单。

· 确保所有需要文件的人，包括实验室以外的用户，都可以使用文件的过程。

· 已废弃但需要保留以备将来查阅的文件的归档方法。

**受控文件**

实验室产生或使用的所有文件必须受控。包括以下方面。

· SOP：必须使用最新版的、与目前所使用程序一致的SOP，并且使用的作业指导书或作业辅助程序必须与任务描述的SOP内容匹配。

· 文本、文章和书籍等部分实验室内参考资料。

· 外来文件，例如，仪器服务手册、法规和标准，以及新的参考资料（可能会随时间变化）。

**建立文件控制系统**

在建立文件控制程序时，应注意以下问题。

- 标准化格式和（或）编号系统：应拥有适用于组织内创建的所有文件的编号或编码系统。由于文件是"活的"，需要不断更新，因此，编号系统应能显示文件的版本。

  - 建议在文件编号系统中，使用字母标记文件类型，然后对该类型文件使用数字进行递增编号。文件的所有页面都应显示对应编号。例如，对于书籍，可用B1、B2、B3……表示；T1、T2……表示工作文本。可使用位置代码用于主日志或文件。例如，"2号书，第188～200页，在书架1上"，可以用"B2，188～200，BS1"表示。

  - 建立文件编号系统是一个困难且耗时的过程。如果实验室已经有有效的系统，则无须更改。

- 批准、分发和修订过程：文件控制要求对文件进行定期评审，并根据需要进行修订，然后批准和分发给需要的人。评审和批准过程通常由实验室管理者负责，批准时应签名并标注日期。作为文件和记录的方针（政策）的一部分，文件的批准、分发和修订的方针（政策）必须被清晰地建立。

- 主要日志记录：这将使负责文件控制的人员确切知道正在流通的文件，以及文件所在地点。日志记录应及时更新。

- 可获得性：文件控制计划必须提供在使用地点能够查阅相关版本文件的过程。如果在实验室外的其他地方，例如，在医院病房或医生办公室进行样本采集，则需要在实验室外部提供与样本采集相关的现行版本文件。

- 存档系统：旧版本文件的存档非常重要。在研究问题或回顾质量活动时，经常需要参考旧版本的文件。在分发新文件时，需要收回所有旧版本的文件以进行存档或销毁。

| | |
|---|---|
| **实施文件控制** | 实施新的文件控制系统时，将需要执行以下步骤。 |

· 收集、审阅和更新所有现有的文件和记录。通常，在没有文件控制系统的实验室会发现需要对许多过期的文件进行修订。

· 确定其他需求。收集所有文件后，就能够确定对新的过程或流程进行描述的需求。如果尚未制定质量手册，这项工作应该在制定质量手册时完成，因为质量手册是所有工作的框架。

· 如有需要，可设计或获取文件模板，包括表格和工作表。注意各种表格都属于文件，一旦添加了信息，它们便成为记录。为帮助建立表格模板，可以使用其他实验室或已出版材料中的表格。

· 让利益相关方参与文件控制。在编写实验室内所使用的文件时，应让该文件的所有使用人员参与。对于实验室外使用的文件，如报告，可参考报告使用者的意见。

**常见问题**　在没有文件控制系统或不管理其文件控制系统的实验室中，可发现一些常见的问题。

· 实验室工作场所存在过时文件。

· 分发问题：如果多份文件散布在实验室的不同区域，在更新文件时很难收回所有旧版文件，有一些文件可能被忽略。因此，应避免分发多份文件，文件应只发给需要的地方并应记录所有文件的位置。

· 无法解释外部来源的文件：这些文件可能在管理过程中被遗忘，注意它们可能已经过期并且需要更新。

## 第6节　记录概述

**记录的重要性**

　　记录属于实验室信息，可以手写或计算机打印。记录是永久性的，不能修改。记录内容应完整、清晰并妥善保存，它有许多作用。

· 持续监控：如果没有得到这些采集来的数据作为质量体系过程的一部分，持续监控就不可能实现。

· 样本追踪：保存完整的记录有助于在整个检测过程中追踪样本，这对于故障排查、寻找试验中的错误原因，以及调查已发现的差错都至关重要。

· 评估问题：保存良好的设备记录有助于对所有出现的问题进行全面评估。

· 管理：完整的记录是非常重要的管理工具。

　　**永远不要更改记录。** 如果需要将新信息添加到记录中，则应将其作为附加信息，注明日期、签名或签上姓名首字母缩写。

**实验室记录示例**

　　实验室会产生许多种记录，具体如下。

· 样本记录本，登记册。

· 实验室工作簿或工作表。

· 仪器打印输出：维护记录。

· 质量控制数据。

· 室间质量评估或能力验证记录。

· 患者检测报告。

· 人事记录。

· 内部审核和外部审核的结果。

· 持续改进项目。

· 事件报告。

· 用户调查和顾客反馈。

· 关键沟通（例如，卫生保健系统内监管机构、政府或行政办公室的来信等）。

应建立一种方法来记录任何必须保存的信息。以下类型的记录很容易被遗忘。

· 有关拒收样本管理和处置的信息。
· 样本涉及另一实验室的相关数据，包括样本的运输时间、发出位置及报告的发布时间。在整个转运过程中应能够跟踪样本。
· 有关负面事件或问题的信息。包括所有相关信息，如对问题的任何调查结果（请参阅第14章）。
· 库存和存储记录。这些记录有助于跟踪掌握试剂和耗材的使用情况（请参阅第4章）。
· 设备记录。

**检测报告内容**　检测报告应包括实验室、实验室用户，以及认可要求所需的所有信息。以下是ISO 15189要求的检测报告的内容列表。

· 试验名称。
· 实验室名称。
· 患者的唯一标识，可能的话，还包括患者的位置及报告的目的地。
· 检测申请者的姓名和地址。
· 样本采集日期和时间，以及实验室收到样本的时间。
· 报告发布的日期和时间。
· 样本的基本类型。
· 以公制（SI）单位或可追溯至公制单位的单位报告的检测结果。
· 生物参考范围（如可用）。
· 恰当的结果解释。
· 有关样本质量或充足性、方法学局限性或其他影响结果的问题的说明。
· 授权发布报告人员的身份和签名。
· 如有必要，注明原始结果和校正结果。

在实验室的报告中，可能包含上面提到的许多项内容。由于检测项目和实验室情况的不同，有些项目在报告中的使用频率可能较低。对于某些试验，报告中可能还需要包含患者的性别和出生日期（或年龄）。

## 第7节　保存文件和记录

**文件和记录的保存地点**

**使用纸质系统**

必须重视文件和记录的保存，因为文件和记录保存的主要目的是在需要时以备查找信息。

使用纸质记录系统时，应注意以下几点。

· 永久性：要求纸质记录能够按需进行长期保存。应通过将纸质记录装订在一起或使用装订本（记录本）来确保纸质记录的长久性。应对每页记录进行编号以便查阅，并应使用不褪色的笔进行记录。

· 可获得性：应设计纸质查询系统，以便在需要时可以轻松检索到信息。

· 安全性：文件和记录必须保存在安全的地方。安全性也包括保护患者的隐私。应注意确保文件免受任何环境危害（如浸湿）的影响。应考虑火灾、洪水或其他灾害发生时如何保护记录。

· 可追溯性：应能够在实验室的所有过程中追踪样本，能够查看谁采集了样本、谁进行了检测、当批检测质控结果是什么，以及报告的签发情况等。当对报告中的检测结果有疑问时，记录的可追溯性就显得十分重要。所有记录均应签名、注明日期，并进行核对，以确保在整个实验室中保持可追溯性。

**使用电子系统**

电子系统与纸质系统的要求基本相同。但使用计算机时，满足这些要求的方法有所不同。以下是需要考虑的因素。

· 永久性：备份系统必不可少，以防万一主系统发生故障。此外，对计算机系统进行定期维护将有助于减少系统故障和数据丢失。

· 安全性：确保计算机系统的保密性更加困难，因为可能有许多人会查看数据，但可通过设置计算机接入密码来保护数据。

- 可追溯性：电子记录系统的设计应允许在实验室的整个过程中追踪样本。检验完成6个月后，应还可以查看记录并确定谁采集了样本，以及谁进行了检测。

**记录保留** 每个实验室记录的保留时间应根据多种因素来确定。

- 实验室要求在多长时间后仍需查到这些记录。
- 政府对记录保留时间的要求或标准。
- 实验室进行的研究，是否有需要用到多年数据的情况。
- 实验室评估或审核的时间间隔。

## 第8节 总结

**总结**　　文件包括书面的方针（政策）、过程和程序，为质量体系提供了框架。文件需要及时更新和维护。

　　记录包括在实验室检测和报告结果的过程中产生的信息。记录的信息是永久性的，不需要更新。

　　拥有完善的文件控制程序，可确保使用最新版本的文件，并在需要文件时确保可用性和易获得性。

**关键信息**　　·信息是实验室的产品。

　　·文件对于确保实验室结果的准确性和一致性至关重要。

第17章

信息管理

## 第1节　概述

**在质量管理体系中的作用**

信息管理系统包含了有效管理数据所需的所有过程，包括输入和输出的患者信息。信息管理系统可以完全基于纸质或计算机或两者结合。无论采用何种技术，信息管理都是质量体系的另一要素，并且与文件和记录密切相关（请参阅第16章）。

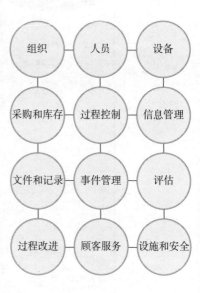

请记住，数据，尤其是检测结果，是实验室的最终产品。实验室主任需要确保实验室拥有有效的信息管理系统，以实现患者信息的可访问性、准确性、及时性、安全性、保密性和私密性。

**重要因素**

在计划和开发信息管理系统时，无论是手工系统、纸质系统还是电子系统，都需要考虑以下重要因素。

- ·患者和样本的唯一标识符。
- ·标准化的检测申请表（申请单）。
- ·记录和工作表。
- ·检查过程以确保数据记录和传输的准确性。
- ·防止数据丢失。
- ·保护患者的机密和隐私。
- ·有效的报告系统。
- ·有效及时的沟通。

## 第2节　信息管理要素

**唯一标识符**

唯一标识符是信息管理的重要工具，应重视在信息管理系统中如何最好地为患者和样本分配标识符。

患者标识符：有时，住院患者在入院时会被分配一个唯一标识符，以便在住院期间使用。患者每次看病或入院可能都会得到一个新的标识符。在其他站点，唯一标识符可能被永久分配给患者，以便患者每次进行任何医疗、护理时使用。

样本标识符：实验室需要为患者样本分配唯一标识符，以便可以在整个实验室中对其进行追踪。在信息管理系统内生成和分配唯一标识符的方法将取决于许多因素。一些用于实验室的商业性计算机系统，在软件中内置有编号系统。使用纸质系统的实验室需要建立自己的唯一标识系统。

生成唯一标识符的简单系统是使用由年、月、日和4位数组成的数字：YYMMDDXXXX。每天，最后4位数字从0001开始编码。

例如，数字0905130047可以读取为09 05 13 0047，它表示47号样本（于2009年5月13日收到）。

为避免样本混淆或混合，需要在整个实验室中使用样本的完整标识码。至少样本的所有分样、申请表、实验室登记簿或记录本，以及结果表上都将使用唯一编号。

**无论实验室选择哪种系统，都应使用唯一标识符来避免样本的混淆，便于样本和信息的查找。**

**检测申请表、记录和工作表**

检测申请表是整个检测过程的起点，对于纸质系统和电子系统都非常重要。应优化检测申请。

· 标准化的检测申请表：表格应注明预约和提交检测申请时，需要提供的所有信息，并有足够的空间填写信息。ISO 15189中关于申请表的要求已在第16章中介绍。

·确保申请表填写完整：如果申请表不完整，需要与检验申请者联系以获取所需信息。在非紧急情况下，实验室有权拒绝未填写申请表或申请表填写不完整的检测请求。

在样本送达实验室时，记录数据的日志非常重要，这种重要性与在特定过程中记录正在检测哪些患者样本的工作列表一样重要。在基于纸质的系统中，样本日志是书面记录，通常是装订好的记录本。对于电子系统，可以从计算机生成日志和工作表。重要的是应考虑哪些信息需要被记录。

在数据处理过程中，有些地方很容易发生错误，例如，在将患者数据从申请单转抄到记录表，以及通过键盘将数据输入计算机信息系统或从工作表抄录到报告的过程中比较容易犯错。实验室应建立适当的过程以防止出现这类差错。有时可能需要采取正式的核对过程，以确保数据记录和手写誊抄或键盘输入信息的准确性。

以下是核对过程的一个简单例子，始终要求2个人核对抄录的数据，以确保其准确性。一些计算机系统具有内置的自动检查功能，该功能要求重复输入数据。如果2次输入的内容不匹配，则会向输入数据的人生成错误警报。

**安全性**

建立防止数据丢失的方法很重要。对于纸质系统，需要使用安全的材料记录，并正确存储记录。对于计算机系统，需要按计划或定期备份数据。

保护患者的隐私至关重要，必须采取安全措施，以保证实验室数据的机密性。实验室主任负责制定相关保密性政策和程序，以保证患者信息的机密性。

**报告系统**

实验室的产品是检测结果或报告。应特别重视结果报告机制，以确保报告及时、准确、清晰易懂。

报告中的数据应能够提供卫生保健提供者或公共卫生官员所需的所有信息，并包含适当的注释，例如，"溶血样本"或"重复样本"。应由相应的实验室人员确认并签名。

无论是发布纸质检测报告还是电子检测报告，实验室都必须确保报告按时送到正确的人员手上。报告可以由实验室工作人员送到医院病房，通过快递或邮件的形式送到医院外的相应地点，或通过成熟的实验室信息管理系统以电子方式来发送。急需的结果可以通过电话通知。电话记录必须保留，并应包括呼叫者的签名、日期和时间，在可能的情况下，应记录电话接听者的姓名。电话反馈结果后，书面报告应随后送达。

**检测结果报告向客户、检测申请者和其他可能用到或需要该报告的人反映了实验室的形象。**

**沟通注意事项**　在规划基于纸质或计算机的信息系统时，需要考虑建立一个用于实验室内部交流及内部与外部沟通的良好系统。这对大型组织尤为重要。可能有必要设计一种系统，以覆盖实验室不同班次或区域人员之间的信息传递，以确保重要的细节不会被忽略。实验室可能还需要制定与顾客，例如，医疗保健人员、中心参考实验室和官方机构，进行沟通的政策。该政策应描述需要遵循哪些沟通渠道，以及何时进行沟通，并说明谁有权与不同级别的客户进行沟通。

**常见问题**　在实验室信息管理过程中，可能会出现许多问题。实验室应仔细考虑潜在的问题，并计划如何避免这些问题。最常见的问题如下。

· 因数据不完整而无法进行结果解释，或标识不充分或难以辨认。信息管理系统应有设计以避免这种情况发生，例如，在使用电子系统时，可以通过设计字段使在信息丢失时无法完成数据输入。

· 表格设计不能满足实验室和顾客的需求。

· 由其他实验室编写的标准化表格，可能并不适合所有实验室。

- 由于归档过程不当或计算机信息备份不足，导致无法检索到数据。
- 数据整理不完整，可能会影响之后的数据分析工作，难以满足研究或其他需求。
- 计算机信息系统与设备或其他电子系统之间的不兼容，导致数据传输出现问题。

## 第3节　基于纸质的手工信息管理系统

**建立手工信息管理系统**

　　由于资金限制，有些实验室可能需要使用基于纸质的手工信息管理系统。建立一个完善的、能够提供满意服务的纸质系统，需要认真规划、关注细节，并有善于发现问题的意识。

**登记簿、记录和工作表**

　　手工登记簿、记录和工作表应用广泛，大部分实验室工作人员非常熟悉使用手工系统来管理实验室中的样本。即使是具有一定计算机化功能的实验室，也经常会有部分或全部手写的工作表。

　　实验室登记簿或样本记录可以采用多种形式，几乎所有实验室都会使用其中一种形式。在审核信息管理需求时，需要考虑现有的登记簿是否符合要求或是否应重新设计登记簿。

　　设计完善的登记簿和记录应具有以下特点。

· 实用且易于完成。

· 可轻松查找数据。

· 更容易使数据汇总和报告编写。

　　记录本或登记簿可以通过使用每日记录来进行补充。例如，可采用单独的记录来跟踪患者和样本的数量，或按检测类型进行记录。对于某些领域，如微生物学或寄生虫学，实验室可能会保留一本特定的记录，以显示检测的总数和阳性结果的占比。

尽管登记簿和记录本比计算机信息系统麻烦，内容也不完整，却是部分实验室数据统计和报告编写的唯一信息来源。

**数据输入**　　使用基于纸质记录的系统时，必须向员工强调所有数据输入必须完整。一个计算机化的系统通常要求所有"基本字段"都包含数据，但在手写记录中无法对此进行检查。下图是手写记录本中缺少数据的示例。

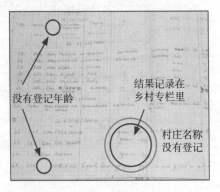

没有登记年龄

结果记录在乡村专栏里

村庄名称没有登记

**易读性**　　记录内容可能会存在文字模糊不清的问题，必须予以解决。应向员工强调易读性的重要程度。

应重视最终结果报告的易用性和易读性。最终结果报告是实验室的主要产出，需要确保报告的正确性和专业性。

**手写报告**　　发布手写报告时，实验室需要留存报告的副本，以保留或存档。出现抄录错误时，没有相应的报告副本会引发后续问题。

必须将记录保存在安全且便于检索的地方。

**存储纸质材料**　　在存储纸质材料时，谨记存储的目的是便于找到结果，能够在整个过程中追踪一个样本的所有路径，并能够对出现的问题或意外事件进行评估以找到其原因。

应遵循以下规则。

- 保留所有的材料，但要制定关于何时及如何丢弃纸质材料的政策（例如，在适当的保留时间之后，撕毁记录以保护患者隐私）。
- 确保需要信息者容易获得信息。
- 按照一定的逻辑进行归档。
- 对纸质材料编号，以保证其按时间顺序保存。

　　纸张易碎，易受水、火、潮湿和害虫（啮齿动物和昆虫）的侵害。纸质材料的存储区，应尽量避免这些因素的侵害。

## 第4节 计算机化实验室信息系统

**开发计算机系统**

用于实验室数据管理的计算机系统，通常称为实验室信息管理系统，以缩写LIMS或LIS来指代。计算机系统的使用在世界各地的实验室中变得越来越普遍。合理设计和安装的LIMS可为临床实验室提供方便、准确的样本追踪和数据管理系统。

LIMS的开发有许多方法。一些实验室可能会选择自己建立计算机网络，并使用本地开发的基于商业数据库软件（如Microsoft Access）的系统。其他实验室可能会选择购买完善的实验室系统，通常包括计算机、软件和培训。

公共卫生实验室协会的《在资源匮乏的环境下实施实验室信息系统指南》，可能有助于实验室规划和实施LIMS[1]。

**选择系统**

如果LIMS的购买是由实验室外的其他部门决定的（如由信息系统部门决定），则实验室主任应提供支持信息帮助选择设备，以确保购买的信息管理系统能够满足实验室需求。通常，最新版的硬件或软件可能没有添加实验室功能，使用这种不是为了实验室而设计的，而是为满足会计或配送中心需求的LIMS，可能会增加实验室管理负担（如更多的数据处理）。

一个灵活性好、适应性强、易于改进和运行、系统速度快的LIMS将给实验室带来最大的好处。系统速度是关键问题，因为实验室不会使用那些速度慢的或不方便的系统。相反，如果系统能节约时间，实验室会迅速接受这些方案，且积极推进LIMS采购和建设进程。

---

1 Information about this guidebook is available at: http://www.aphl.org/aphlprograms/global/initiatives/Pages/lis.aspx

**计算机系统的优点**

完整的计算机信息系统能够处理所有基本信息管理需求。计算机系统具有快速轻松地管理、分析和检索数据的能力。与纸质系统相比，计算机系统具有下列明显优势。

- 减少差错：设计完善的、具有错误检查功能的计算机系统能够提醒用户前后不一致的错误信息，从而减少差错。计算机系统还能提供清晰易读的信息。
- 质量控制管理：有利于保持完整的质控记录，方便质控数据分析并能够自动生成统计信息。
- 提供多种方式的数据检索：可以通过各种参数进行数据检索，包括姓名、实验室或患者编号，有时也可通过检测结果或已完成的试验来检索。纸质系统无法进行这样的数据检索。
- 查询患者信息：大多数的计算机系统都允许查询患者的所有最新实验室数据。这有助于对患者最近的检测结果与之前的检测结果进行比较和分析，以发现2种检测结果的差异，这是一种有意义的工作，也有助于发现错误。一些计算机系统能够提供足够的信息，以帮助确诊或获得其他与疾病相关的有用的信息。
- 报告生成：能够轻松、快速地生成详细、清晰的报告。LIMS提供标准化（或定制）的报告。
- 报告追踪能力：计算机系统使报告追踪，了解工作完成时间、工作执行人、数据审查时间及报告发送时间等变得更加容易。
- 趋势追踪及分析能力：计算机及其数据库提供了非常强大的搜索功能，通过精心设计，有可能通过检索及使用大量数据有效进行多种趋势追踪和分析。
- 患者隐私保护能力强：如果通过建立计算机用户名来控制数据访问权限，那么使用计算机维护实验室数据的机密性，往往比手写报表的保密更容易实现。

- 财务管理：一些系统会有财务管理功能。例如，患者账单的管理。
- 与实验室外站点的一体化：可通过设置LIMS，使数据能够从患者或顾客登记点直接传输进入实验室系统。数据可根据需要传输到许多站点或接口。结果可直接通过计算机提供给医疗保健提供者或公共卫生官员。计算机可将数据传输至国家实验室数据库，以及其他需要的数据库。
- 制造商提供的培训：购买LIMS后，制造商通常会对员工进行现场培训。为充分利用该系统，必须对所有员工进行现场培训或在制造商总部进行培训。

**缺点**　　必须注意，尽管计算机系统有很多优点，但也有以下缺点。

- 培训：需要进行人员培训，由于LIMS的复杂性，该培训可能既耗时又昂贵。
- 需要一段时间适应新系统：开始使用计算机系统时，实验室人员会感到操作不方便且笨拙。习惯于手工系统的人员可能会面临一些挑战，例如，错误修正或遇到必须填写的字段时，不确定如何操作等。
- 成本：采购和维护是计算机系统中最昂贵的部分，对某些站点来说成本可能过高。此外，某些站点无法在本地获得良好的维护。需要注意计算机会使用大量纸张，因此，必须计划材料成本，可能还会导致成本增加。由于技术发展迅速，计算机的使用期限可能仅有数年，因此，需要定期购入新的计算机设备，以保持其处于最新状态，并能够与其他系统兼容。
- 物理限制：必须有足够的空间和专用的电路系统，并且计算机应放置在远离热源、潮湿和灰尘的地方。
- 需要进行系统备份：必须仔细备份所有计算机信息。由于磁盘损坏或系统崩溃，导致的数据丢失后果严重，因此，备份系统至关重要。

## 第5节 总结

**信息管理系统**

信息管理系统中包含有效数据管理——输入和输出患者信息所需的所有过程。该系统可以完全基于纸张，也可以部分基于纸张部分计算机化或完全为计算机化。

纸质系统和计算机系统都需要有患者样本的唯一标识符。标准化的检测申请表、记录和工作表对这2个系统也很重要。为了防止信息抄录错误，应建立核对过程。

将计算机系统引入实验室时，成本问题是主要考虑的因素，在实施应用方面，详细规划和对员工进行培训能确保获得好的结果。

**关键信息**

一个好的信息管理系统具有以下特点。

· 确保对所有数据、实验室的最终产出进行妥善管理。

· 在规划系统时，应考虑实验室数据的所有使用方式。

· 确保数据的可访问性、准确性、及时性及安全性。

· 确保患者信息的机密性和隐私性。

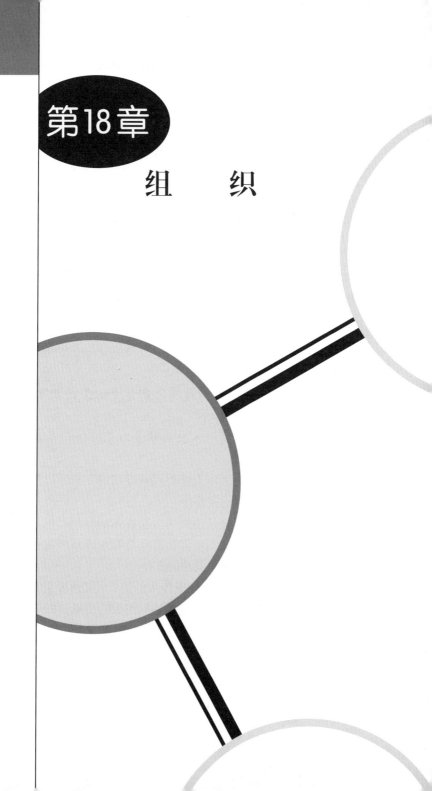

# 第18章

## 组　　织

## 第1节　质量管理体系对组织的要求

**定义**　　在质量管理模式中，组织表示实验室的管理和支持性结构。

组织是质量体系的基本要素之一，并且与模式中的所有其他要素密切相关。

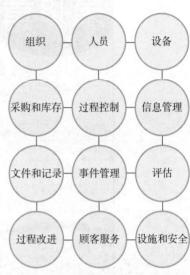

**成功的关键要素**　　成功的质量管理体系首要的关键要素是管理者的承诺。

- 各级管理人员必须全力支持并积极参与质量体系活动。
- 应让工作人员看到管理层的支持，以使员工了解其努力的重要性。
- 没有包括组织决策层在内的管理层的积极参与，实验室就不可能实施质量管理体系所需的方针政策和获取相关资源的支持。

成功的质量管理体系的第2个关键要素是必须设计合理的组织结构，以确保达到组织的质量目标。

- 实验室必须是符合当地要求的合法的组织实体；
- 为确保质量管理体系正常运行，所需的所有组织要素必须到位。

| 关键组织要素 | 实现成功的质量体系所需的重要组织要求如下。 |
|---|---|

实现成功的质量体系所需的重要组织要求如下。

- 领导力：实验室领导者必须全力实施质量体系管理。此外，领导者需要有远见、团队建设和激励技能、良好的沟通技巧，以及合理利用资源的能力。
- 组织结构：应明确实验室的组织结构，并以组织结构图的形式展示明确的职责分配情况。
- 规划过程：需要有规划技巧，实验室应对时间表、活动的责任分配、人力资源的可用性和使用、工作流程管理和财务资源等进行规划。
- 实施：质量管理体系的实施要求管理人员能解决许多问题，这些问题包括项目和活动的管理，依据规划指导资源利用，确保按时完成各项活动并实现目标等。
- 监控：实验室落实质量管理体系各要素后，需要对其进行监控，以确保系统正常运行，并满足基准和标准。监控对实现持续改进的质量体系目标至关重要。

## 第2节　管理角色

**提供领导力**

领导力可以从多方面来定义，是任何组织改进工作并取得成功的重要因素。

领导者应负责任地行使以下权力。

· 提供愿景。

· 为设定目标提供指导。

· 激励员工。

· 提供鼓励。

强有力的领导者可以帮助员工理解所承担任务的重要性。

**管理者的职责**

ISO 15189［4.1.5］规定"实验室管理层应对质量管理体系的设计、实施、维护和改进负责"。

质量管理体系概述了管理者的职责。管理层必须负责以下事项。

· 建立质量体系的方针（政策）和过程。

· 确保所有方针（政策）、过程、程序及指导书均形成文件。

· 确保所有工作人员理解文件和指导书，并知晓自己的职责和责任。

· 根据职责为工作人员提供相应的权限和资源。

实验室管理层负责编制描述质量管理体系的质量手册。质量手册是制定方针（政策）并将其传达给实验室工作人员和用户的手段。

实验室主任主要应负责建立可以支持质量体系模式的组织。他们负责制定方针（政策），将权限和责任分配给合适的人员，确保资源供应，并审查质量体系组织方面的问题，以实现质量过程的最佳运作。实验室主任必须确保员工遵守质量手册中确定的质量方针（政策）。

质量管理者协助制定方针（政策）、进行规划及实施质量管理体系。他们通常负责各项实施和监控过程，并且必须向实验室主任或实验室领导汇报质量管理体系实施过程的相关情况。

实验室员工（实验员）应有责任理解实验室的组织结构，包括权限和职责的分配。在日常工作中，实验室员工应遵守所有质量方针（政策）。

**管理层的承诺**　实施任何新计划最关键的是寻求高层管理者的支持，应让尽可能高的管理层参与进来，以确保计划的成功实施。在实施质量体系时，所谓"尽可能高"的管理层是指，确保包括那些决策者，因为他们的赞同和支持至关重要。最后一点，非常重要的是，实验室管理者应将其承诺传达给所有实验室人员。管理者必须为实验室人员指明努力方向，并鼓励和培养组织的"精神"。

## 第3节　组织结构

**组织结构的要素**

在设计质量管理体系的组织结构时，应考虑以下要素。

· 工作流程是从样本采集到结果报告的样本走过的整个路线。实验室的组织结构应能够在保证有效进行样品检测的同时，尽量减少或避免差错，从而达到最佳的工作流程。因此，应重视组织结构的设计。

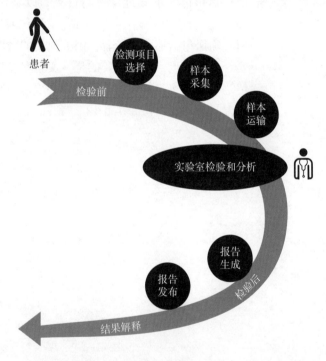

· 必须有准确、完整的组织结构图。如果明确规定各岗位的职责，且所有实验室团队都了解自身的职责，则可避免许多问题。

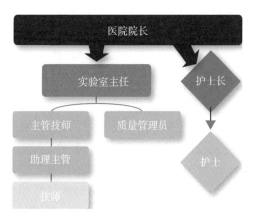

·质量管理体系必须有专门的质量管理者。

·资源分配必须确保有足够的人员和基础设施。

**质量管理者**　　ISO 15189［4.1.5 i］规定实验室必须有质量管理者。质量管理者是直接负责确保质量方针（政策）和程序落实的人。

质量管理者在组织结构中应处于较高的位置，应按照质量体系要求赋予他们相应的责任和权力。质量管理者应直接向组织决策者汇报。

一个大规模的实验室可能需要几名质量管理者，也许需要每个部门设1名。然而，在小型实验室中，可能由高级技术人员兼任质量管理者，甚至可能由实验室管理者兼职负责。

质量管理者可能会被安排很多工作任务，一些主要职责如下。

·监督质量体系的各个方面。

·确保员工遵守质量方针（政策）和程序。

·定期审查所有记录，例如，作为质量体系一部分的质量控制和室间质量评价。

·组织内部审核，并协调外部审核。

·调查审核过程中发现的任何问题。

·向管理层汇报质量体系的监控情况。

## 第4节　组织功能：规划

**规划方法**　　一旦管理层承诺在实验室实施质量体系，就需要先进入规划过程。规划方法各有不同，取决于许多实验室内部因素。举例如下。

· 实验室已经采用了哪些质量管理规范？

· 现有员工的知识水平如何？

· 能够使用的资源有哪些？

规划过程应考虑到质量体系的所有要素。不必（通常是不可能）立即实施全部计划，分步实施方案可能更易实践。

在许多实验室中，质量体系的实施可能会带来许多变化。因此，需要让所有员工参与进来，并且不要推进得太快，否则员工可能会因为难以实现目标而灰心。定期与员工进行积极、清晰的沟通，有助于提升员工士气。

在规划实施过程中，重点领域将随着更大的问题被发现而出现。保持目标的可实现性和可衡量性非常重要。有一些因素是实验室无法控制的，意识到这一点，然后转向其他可以解决的因素。如果这些因素对于质量计划的最终成功至关重要，则应想办法去影响那些能掌控这些因素的人。实验室应始终倡导质量。

**制定规划**　　在规划质量体系的实施时，第一步是分析和了解当前的做法。差距分析是一种有效的方法。进行差距分析需要以下规划。

· 使用良好质量体系检查表来评估实验室的实践活动。

· 找出实验室中不符合质量体系所要求的良好实验室操作规程的地方或差距。

使用差距分析法获得的信息，制定所有需要解决的任务列表，然后设置优先级。在确定优先级时，首先要考虑易于解决的问题，这样可以尽快取得成功，并提高员工士气。还要评估对实验室质量影响最大的因素，并优先考虑这些因素。

实验室使用差距分析法通常发现以下几个方面的问题。

- 检测预约。
- 样本管理。
- 技术人员能力不足。
- 质量控制。
- 分析过程。
- 记录和报告结果。
- 试剂和设备管理。

**质量体系规划** 在实验室中实施质量体系需要书面计划。书面计划向实验室的所有人员和所有用户明确说明了该过程将如何进行。书面计划应包含以下内容。

- 目标和任务：应该做什么？
- 责任：谁来完成工作，谁来负责。
- 时间安排：何时完成每项任务，何时最终完成？
- 预算和资源需求：更多的人员、培训需求、设施、设备、试剂和耗材、质控品。
- 基准：监控实施进度所必需。

书面计划应提供给所有实验室人员查看，因为每位员工都必须了解计划和实施过程。

## 第5节   组织功能：实施

**开始实施**

一旦制订了计划并达成一致意见，便会开始实施。下列建议对实验室的质量管理体系的实施有益。

- 始终以积极的态度致力于完成项目并实现既定目标。
- 准备分阶段实施。为防止员工灰心，应从易于管理的方面开始实施。制定分布实施时间表会很有帮助，使用已确定的优先级来确定开始日期。
- 尽早确定资源需求，并在开始实施前确保必要的资源的到位。如果实验室资源极度有限，应从现有资金和员工可以完成的工作开始实施。类似的工作有很多，例如，文件、记录的改进，或编写最新的和改进的标准操作程序。
- 通过有效的沟通让所有员工参与。如有必要通过培训使人员了解质量体系及其目标，则应在开始实施其他任务之前进行此项培训。

**遵循时间表**

作为计划过程的一部分，实验室需要建立执行任务的时间表，包括预计的完成日期。此时间表是该过程的关键部分，它方便实验室人员观察实施进度。甘特图（如下所示）是一种非常有用的工具，可以直观地显示时间安排。它显示了要完成的任务及其开始和完成的时间。

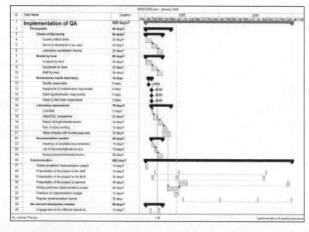

应仔细规划时间表，以便在适当的时间完成任务。不要让实验室工作人员因需要完成的任务而不堪重负。

**提供资源**

在计划过程中，应确定所有需要的额外资源。在开始实施时，需要确保这些资源到位并且可用。需要考虑以下几种资源。

- 所有财务需求：制定预算。
- 人员需求：是否需要额外的实验室人员，是否需要对任何人员进行培训？
- 设施、设备、耗材及计算机需求。

**监控的基础**

建立体系监控质量管理是实施质量体系的关键。监控和维护是持续改进工作的一部分，而持续改进是良好质量体系的总体目标。监控包括检查系统的每个部分，以确保系统正常运行。

**建立监控程序**

在建立一个监控质量体系合规性的方案时，有以下几个步骤。

- 分配监控过程的责任。通常质量管理者是负责监控程序的首要责任人。
- 利用实验室质量方针（政策），制定指标或标准，对这些指标进行长期监控。
- 建立监控系统，确定检查的时间或频率，决定如何管理监控活动。
- 开展审核及管理评审，这是监控合规性的2个重要手段。

应定期开展内部审核，这对于实验室评估很重要，也是ISO 15189的要求。

管理评审是监控过程中特别有价值的部分。管理层有责任审查所有适当的质量体系信息，并寻找改进的机会。

## 第6节　实验室的质量手册

**定义**　　质量手册是一份完整描述组织质量管理体系的文件，这是整个质量管理过程的关键，是整个质量管理体系的指南。手册应清楚地列出质量方针（政策），并描述实验室其他文件的结构。

在实施质量管理体系的实验室中，必须有质量手册。但是，如何编制手册有相当大的灵活性，实验室可以按最有用并适合本实验室需要的原则来编制手册（请参阅第16章）。

ISO 15189［4.2.4］要求实验室具有质量手册，但未指定其样式和结构。

**编写质量手册**　　质量手册的目的是清楚地传达信息，并作为满足质量体系要求的框架或路线图。编制质量手册是实验室管理层的职责，因此，质量手册传达了实验室管理层对质量和质量管理体系的承诺。

质量手册应包含以下内容。

- ·实验室的所有质量方针（政策）：这些方针应涉及质量体系的12个基本要素。
- ·提及所有的过程和程序：例如，SOP是整个质量体系的一部分。通常有太多内容而不能直接写在质量手册中，但该手册应说明所有过程都必须具有SOP，并且可以在SOP手册中找到这些SOP。
- ·内容目录：ISO 15189提供了建议的内容目录，其中包括对实验室的说明、员工的教育和培训政策，以及质量管理体系的所有其他要素（如文件和记录）。

**维护和使用质量手册**　　质量手册是整个质量管理体系的框架，因此，质量手册必须始终是正确的和最新的，实验室需要建立相应的过程确保这一要求得到满足。以下是关于建立、维护和使用质量手册的一些建议。

· 编写和准备质量手册时，必须得到实验室领导的批准。在某些实验室中，可能还需要其他相应人员，如质量管理者的批准。该批准应通过记录在手册中的正式签名和签署日期来体现。

· 需要建立手册更新过程或系统。该系统应规定审查手册的频率，分配手册更新的职责（通常分配给质量管理者），并确定这些变更如何写入手册并形成文件。更改质量手册需要得到批准，批准应通过记录在手册中的有更改权的人员的签名和更改日期来体现。

· 应向所有实验室人员提供手册的使用说明，实验室人员需要明白，必须始终遵守质量手册中规定的详细方针（政策）。

## 第7节　总结

**组织的步骤**

实验室建立质量管理体系从意图转变为行动的过程中，主要的组织步骤是分配实施责任、分配资源、制定和分发质量手册、开始实施，并监督质量方针（政策）和质量管理体系要求的遵守情况。

质量管理体系的成功实施需要规划、管理承诺、了解收益、各级员工参与和设定可实现的时间框架，并寻找持续改进的方法。

**关键信息**

**应切记**

· 质量不是一门科学，而是一种思维方式。

· 今天投入的时间，将有助于获得高质量的结果、专业和个人满意度，以及同行认可。

· 实验室中的每个人都要对质量表现负责。

　-实验室负责人和管理人员必须致力于满足质量需求。

　-实验室人员必须遵守所有质量保证程序，并遵守要求和标准。

# 词汇表

•A

**Accreditation**：认可。权威机构对一个组织或个人有能力执行特定工作给出正式承认的过程（参考ISO 15189）。

**Accreditation（and certification）body**：认可（认证）实体（机构）。一种经授权可对设施进行检查，并提供书面证据说明被检查对象对标准的遵守情况（认证）和能力（认可）的组织或机构。

**Accident**：事故。（非人为的，不可预测的）意外事件；意外发生的不良和不幸的事件。

**Accuracy**：准确性，准确度。测量结果与真值之间的接近度。

**Analytical phase**：分析阶段。见检查（Examination）。

**Audit**：审核。为获得证据并对其进行客观的评价，以确定满足审核准则的程度所进行的系统的、独立的并形成文件的过程。

•B

**Benchmark**：标杆，基准。一种质量的参照依据或标准。标杆旨在为用户提供衡量最佳工作性能的指导，或为问题或缺陷提供解决方法的建议。标杆通常指的是最佳实践。

**Bias**：偏倚。用于测量准确度的数值，代表所有测量结果的均值与靶值之间的差异。

**Biohazard**：生物危害。对人类、动物或植物的健康有真实或潜在风险的一种传染病原或其某个部分。它可通过感染造成直接的危害或通过破坏环境造成间接的危害。

Biological safety cabinet：生物安全柜。一种将进入和排出的空气通过高效空气过滤器（high efficiency particulate air，HEPA）以滤除潜在气溶胶中任何颗粒的柜式设备。生物安全柜被用于控制生物危害，保护操作人员和环境。取决于安全柜的类型，它可能对防止有生物危害的物质本身的污染有或无保护作用。

Biological safety levels：生物安全水平。也被称为身体防护等级。

- Biological safety level 1：一级生物安全水平。实验室所处理的物质没有已知信息表明会导致健康人患病；使用标准微生物操作；无须特殊安全设备；需要污水槽。

- Biological safety level 2：二级生物安全水平。实验室所处理的物质与人类疾病有关；使用标准微生物操作，同时限制出入；需要有生物危害标识、利器防护措施及生物安全手册；生物安全柜被用于产生气溶胶/喷溅物质的操作；需要有实验服、手套和面部保护；污染性废物需进行高温消毒。具备合适的通风系统。

- Biological safety level 3：三级生物安全水平。实验室所处理的物质可能导致严重或致命后果，并有潜在气溶胶传播的风险；采用二级生物安全水平操作外加控制出入；对所有废物和实验室洗涤前的衣物进行消毒；操作人员确定基线血清；所有样品操作均在生物安全柜下进行；根据需要使用呼吸保护装置；与走廊通道间设置物理间隔；双门出入；实验室内负压气流。通风系统必须确保HEPA过滤器对进入和排出空气进行过滤并去除存在的颗粒。

- Biological safety level 4：四级生物安全水平。实验室所处理的物质具有危险或是来自异地，有生命威胁或存在未知的传播风险；采用三级生物安全水平操作，外加进入实验室前进行衣物更换；离开时必须冲淋；离开前对所有物品进行消毒；进入的人员穿着正压的生化服；大楼是分离或独立的；专用空气供应和HEPA过滤器排出废气；拥有消毒去污系统。

Biosafety：生物安全。实验人员在对活生物体或其制品进行操作时所使用的一种主动、坚决执行的和基于证据的过程，以防止微生物污染、感染或中毒，保护他们自己、其他实验室人员、公众和环境。

•C

Calibrators：校准物，校准品。在开始测试之前对仪器、试剂盒或系统进行设置或校准，且具有指定浓度的溶液。校准品通常由仪器制造商提供。

Certification：认证。第三方书面保证产品、过程或服务符合特定要求的一种程序（参考ISO/IEC 17000：2004）。

Certification arrangements：认证安排。对于特定类型的经历相同认证程序和标准应用的人员的认证要求（参考ISO 17024：2003）。

Certification（and accreditation）body：认证（认可）实体（机构）。一种经授权可对设施进行检查并提供书面证据说明其对标准的遵守（认证）情况和能力（认可）的组织或机构。

Checklist：检查表。用于确保已完成工作中所有的重要的步骤或行动的一种列表清单。检查表中包含重要的或与问题及现状相关的项目。

CLIA：临床实验室改进法案。在美国，医疗保险和医疗补助服务中心（Centers for Medicare & Medicaid Services，CMS）通过1988年的临床实验室改进法案，规范所有医学实验室（研究除外）的人体检测工作。该法案为确保实验室检测结果的一致性、准确性和可靠性提供了标准。CMS负责签发弃权证书（Certificates of Waiver）和符合证书（Certificates of Compliance）。认可证书（Certificates of Accreditation）由认可机构按CLIA标准评价以后发给实验室。

Coefficient of variation（CV）：变异系数。以均值的百分比表示的标准差（standard deviation，SD）。

Competence：能力。展示出对知识和技能应用的才能。

Compliance：符合。一种肯定的表示或评价，说明产品或服务的提供已经达到相关规范、合同和法规的要求；它也说明一种符合要求的状态；不仅符合要求的文本，还符合文本背后的精神。

Confidentiality：保密性。和在信任关系中透露个人信息有关，该信息预期不会以与最初信息披露不一致的方式披露给他人。

Consensus：共识。所有利益相关方的代表间的协议，这些利益相关方包括供应商、用户、政府监管方和其他利益团体。共识不是靠人数或多数决定的，它所代表的是在没有强烈和强迫反对意见下达成的普遍一致。

Continual/continous improvement：持续改进。质量管理体系的基石；帮助实验室从目标设定、审核与管理评审的监控、投诉与不符合问题的处理和客户满意度调查中获得领悟。不断重复的行动增强了履行要求的能力，其内容包括计划、执行、检查和处理。

Continuous quality improvement：持续质量改进。一种分析能力和过程的学问和态度，并通过不断改进以达到用户满意的目标。

Controls：质控品。包含确定量值的待测物质（分析物）的一类材料。质控品与患者样品同时以相同方式进行检测。

Controlled documentation：受控文件。用于保留和确保正确使用现行有效版本文件的系统。

Correction：纠正。为消除已发现的不符合所采取的措施。

Customer：顾客。从供应商获得产品或服务的组织或个人。

Customer satisfaction：顾客满意度。顾客对其需求的满足程度的感受。顾客满意度从高满意度到低满意度间变化，如果顾客认为你已经符合了他们的要求，他们就会体会到高满意度。如果他们认为你没有符合他们的要求，他们就会体会到低满意度。

•D

Deming cycle for continuous improvement：持续改进的戴明循环。对持续质量改进过程的形象化，它通常包含4个部分：计划、执行、检查和处理——由1/4圆圈相连。这一循环首先由Walter A. Shewhart博士建立，但在20世纪50年代被W. Edwards Deming博士在日本推广普及。

Deming's 14 principles：戴明14原则。戴明学说的基础。这些要点混合了领导学、管理理论和统计概念，其在增强雇员能力的同时强调了管理的责任。

Document：文件。信息及其承载媒体；可以是数字化的，也可以是实体化的。国际标准化组织（International Organization for Standardization，ISO）确定了5种类型的文件，包括规格说明、质量手册、质量计划、记录及过程文件（见规范文件和标准文件）。

Documentation：文件体系。为规定必须遵守的过程而准备的书面材料。

•E

Error：误差，差错。对真实情况、准确和正确的一种偏离；一种错误；计划行动的失败导致未按计划完成或为完成目标使用了错误的计划。

Event：事件。通常伴随有前因发生的一些重大事情。

Examination：检验、检查。① 与实验室检查相关的活动和步骤。②在描述过程时，为确定一个性质的值或属性而采取的一系列操作。③完整检测过程中三阶段框架里的其中一个阶段，说明了与实验室检测质量相关的问题。也被称为分析阶段［见检验前（pre-examination）和检验后（post-examination）］。

External quality assessment（EQA）：室间质量评价。室间质量评价使用外部机构或设施客观检查实验室运行性能的系统。

•F

False negative：假阴性。在临床微生物检测中，实际被感染的个人检测结果为阴性。

False positive：假阳性。在临床微生物检测中，实际未被感染的个人检测结果为阳性。

Flowchart：流程图。用图形表示的过程流动图。这是一种有用的方法，帮助审查过程中众多步骤间的关联，定义过程的界线，明确顾客与供应商在过程中的关系，验证或建立合适的团队，建立过程流动的共识，确定目前操作过程的最佳方法和查找过程中多余、不必要的复杂及低效率的地方。

Form：表格。一种纸质或电子的文件记录信息或结果；表格完成后即变成了一份记录。

•G

Gantt chart：甘特图。一种可以视觉形式呈现出规划的时间线的有用的工具，其显示了需要完成的任务的开始和完成时间。

Gap analysis：缺陷分析。用于对比现在/目前的状态和未来理想的状态的计划工具，是建立行动计划以解决高度优先级缺陷的基础。

·|

Incident：（人为的）事件。持续时间较短的或次要的单独发生的事件。

Incident reporting：事件报告。一个组织或所有提倡质量的重要性的卫生服务的风险指标。

Indicators：指标。用于确定一个组织满足顾客需求的程度，以及是否达到其他在运行和财政表现上的期望而建立的衡量内容。

Infrastructure：基础设施。建筑、工作场所、设备、硬件、软件、设施及其他支持性的服务，如运输和交流。

Informative statement：信息说明。信息文件所附带的信息；通常以提示形式出现。信息可以是解释性的或警示性的，或提供示例的。

Inspection：检查。对产品或服务的一个或多个特性进行例如测量、检查、检测或估测活动，并将其与具体的要求进行比较以确定它的合规性。

Internal audit：内部审核。由实验室人员对实验室质量管理体系的要素进行检查所开展的审核，目的是为了评估这些要素与质量体系的要求的符合程度。

ISO standards：ISO 系列标准。一组由 ISO 建立的国际标准，为制造和服务业的质量提供了指导，帮助公司对将要实施的质量体系要素进行有效的文件化，维持高效的质量体系。该标准于 1987 年首次发布，并未具体针对任何特定产业、产品和服务，它们被广泛应用于许多不同的组织。

ISO 9001：2000：质量管理中最重要也最受国际认可的标准系列就是 ISO 9000 系列。最近的一次版本更新于

2000年，因此，也被称为ISO 9000：2000。它包括了一系列的方针政策说明。

ISO 15189：2007：医学实验室标准。包括一系列方针政策说明。

•L

Laboratory director：实验室主任。对实验室负有责任和拥有权力的人。

Laboratory manager：实验室管理者。由实验室主任领导，管理实验室活动的人员。

Laboratorian：实验员。在实验室工作，并接受过实验室过程操作培训的人员。

Lean：精益管理。强调识别和消除所有不产生价值的活动的方法体系。相关工具包括5S——整理、整顿、清洁、标准化和维持，以及CANDO——清洁、布置、整洁、纪律和持续改善。这些是为了概括日本生产技术而创造的英语短语（具体是指丰田生产体系）。

Licensure：颁发执照。通常根据所展示的知识、培训和技能由地方政府机构颁发的承认提供实践的能力（维基百科 2007）。一般情况下，当实验室使用所颁发的执照时，它已符合了运营的法律要求。

•M

Management：管理。指导和管控组织的协调活动。

Management review：管理评审。对组织质量管理体系总体运行的评估并确定需要改进的机会。这些评审由组织高层管理者定期开展。

Material safety data sheet（MSDS）：材料安全数据表。表格中包含关于某种特定（化学）物质的特性，其目的是为了向工作人员和紧急人员提供关于安全处理和操作相关物质的程序，其中就包括如物理数据、储存、处置、防护设备及泄漏的处理程序。MSDS的确切格式在一个国家根据来源不同也会有所不同，这取决于国家要求的具体程度（维基百科2007）。

Metric：度量标准，度量。用于比较不同质量特性和时间长度的一种标准量度——你不能测量，就无法改进。决策制定者检查众多措施制定的过程和策略的结果，并对结果进行追踪，以指导公司和提供反馈。

•N

Nonconformity：不符合。未能符合具体过程、结构或服务的要求。可被归类为重大（完全）不符合或轻微（部分）不符合。

Normative document：规范性文件。一个为活动或活动的结果提供规则、指南或特性的文件，它涵盖了标准、技术规范、行业准则和法规文件。

Normative statement：规范性说明。文件中要求必须做到的信息或标准中必不可少的部分；文中包含"必须"一词。

•O

Occurrence：事件。在没有主观故意、意愿或计划下发生的事件、意外或情况。

Occurrence management：事件管理。持续改进的核心部分；过程中的差错和接近差错（又称幸免事件）得到识别和处理。

Organization：组织。责任、权力和关系组合成的人员团体和设施。

Organizational chart：组织结构图。定义了组织的工作结构；在职权范围内组织工作；定义报告结构和管理跨度；定义决策权和结果的责任；和岗位说明一起定义组织的工作结构。

Organizational structure：组织结构。控制着人们如何行使他们的职能，管理他们如何进行交流互动的责任、权力和关系的模式。

•P

Path of workflow：工作流程。（临床实验室）按顺序分为检验前、检验中和检验后的临床实验室活动，由此将医生的命令转换成实验室的信息。

PDCA：计划、执行、检查、处理（质量改进工具）。这是必须经历的检查表上的4个阶段，以达到从面对问题到解决问题。见持续改进的戴明循环。

Policy：方针（政策）。完成组织目标的首要计划（方向）。

Post-examination：检验后（也称为分析后阶段）。紧接着检验之后的程序，包括系统评审、形成和解释结果、授权发布、报告和结果传递，以及检验后对样本的储存。是完整检测过程中三阶段框架里的其中一个阶段，说明了与实验室检测质量相关的问题。

Precision：精密性，精密度。一系列反复测量的结果中存在的变异数量。测量中变异越小，精密性越好。见定量检验（quantitative examination）。

Pre-examination（also pre-analytical phase）：检验前（同分析前阶段）。按时间顺序从临床医生发出申请时开始的步骤，包括检查申请、患者准备、采集原始样本、样本传输至实验室，结束于检测开始。是完整检测过程中三阶段框架里的其中一个阶段，说明了与实验室检测质量相关的问题。

Preventive action：预防措施。为消除潜在的不符合或对质量进行改进所采取的计划。预防措施解决并未发生的潜在问题。一般情况下，预防措施过程被认为是风险分析过程。

Problem solving：问题解决。找到问题；确定问题的原因；为解决问题而识别、优先排序和选择替代方案；实施解决方案的行为。

Process：过程。使用资源将输入转化为输出。在每种情况下，由于某种工作、活动或职能的开展会将输入转变为输出。

Process control：过程控制。涉及对所有实验室运行操作的监控。

Process improvement：过程改进。一种系统性和周期性的改进实验室质量的方法，并且输入和输出与过程密不可分。管理聚焦过程。

Product：产品。过程的结果，可以是服务、软件、硬件或加工的材料，或这些当中的组合。

Proficiency testing：能力验证。ISO指南：43（EA-2/03）。能力验证计划是一种定期组织以评价分析实验室的运行性能，以及分析人员能力的实验室间的对比活动。CLSI的定义为，一种多个样本被定期发送到实验室组的成员中进行分析和鉴定的项目；借此每个实验室的结果都将与组中的其他实验室和（或）指定的值进行比较，并同时向参加实验室和其他实验室进行报告。见室间质量评价（external quality assessment）。

Project：项目。一种独特的过程，包含了起始和完成日期的一系列协调和管控的活动，活动的开展是为了达到符合特定要求的目标，其中还包括时间、成本和资源的限制。

•Q

Qualitative examination：定性试验。测量某种物质是否存在或评估细胞特征（如形态）的检验过程。检验的结果不是以数字形式表达，而是以描述性或定性的形式表达，例如，"阳性""阴性""反应性""非反应性""正常"

或"异常""增长"或"未增长"。

Quality：质量。一组固有特征满足要求的程度。

Quality assurance：质量保证。一系列计划性和系统性的质量活动，致力于提供质量要求会得到满足的信任。

Quality audit：质量审核（也称为质量评价或符合性评价）。一种系统的独立的检查和评估以确定质量活动和结果符合计划的安排，以及确定这些安排是否得到有效的执行，同时适合目标的达成。

Quality control：质量控制。一系列的活动和技术，其目的在于确保所有质量的要求都得到满足。简单地说，它就是对已知成分的质控材料与患者样本一起检测，从而对整个检测过程的准确性和精密度进行监控。

Quality improvement：质量改进。质量管理的一部分，致力于满足增强质量要求的能力。

Quality indicator：质量指标。为确定一个组织满足需求、运行和期望的性能要求的程度而建立的测量方法。

Quality management：质量管理。管理者贯彻实施他们的质量方针而开展的协调的活动。这些活动包括质量计划、质量控制、质量保证和质量改进。见质量体系要素（quality system essentials）。

Quality management standards：质量管理标准（如ISO 9001：2000和ISO 15189：2007）。一系列政策声明。要求做到的陈述中都包含有"必须"一词。完全符合标准的要求需要执行所有有"必须"一词的陈述。如果被检查的实验室确信符合了标准，审核员或检查员将期望看到有证据证明要求的每一项政策都得到了满足。"必须"的陈述通常会得到注释或评论意见的补充，通常会包括带有"应该"的示例或陈述。这些陈述目的是提供指导，以回答什么被认为是合理的活动、内容和结构，从而证明"必须"的陈述得到了遵守。组织并不需要满足注释或解释中所有的评论、建议或推荐建议。

Quality management system：质量管理体系。在质量方面指挥和控制组织的管理体系。

Quality manual：质量手册。规定组织质量管理体系的文件。

Quality plan：质量计划。对特定的项目、产品或合同，规定由谁及何时应使用哪些程序和相关资源的文件。

Quality policy：质量方针。最高管理者正式发布的该组织总的质量宗旨和方向。

Quality record：质量记录。显示质量要求满足程度和质量过程执行程度的客观证据。通常以文件形式记录了过去发生的事情。

Quality system：质量体系。定义组织结构、职责、过程、程序和资源，以实施和协调质量保证和质量体系审核。执行文件化的活动，通过对客观证据的检查和评估，以证实质量体系的执行要素是合适的，且其制订、文件化和有效执行符合特定要求。

Quality system essentials：质量体系要素。为支持组织工作的运行顺利，任何组织都要具备可以起有效作用的必要的基础设施和基本部件。见质量管理（quality management）。

Quality system review：质量体系评审。管理层对质量体系状态和充分性的正式评估，该评估与质量方针和（或）因情况改变而出现的新目标有关。

Quality tools：质量工具。用于一步一步地完成质量改进的工作的示意图、图表、技术和方法。

Quantification：量化，定量。计算指定时间内特定物品需求量的一种过程。

Quantitative examination：定量试验。测量样本中存在的分析物含量；测量要求准确和精密；测量以数值作为结果，以特定的测量单位表示。

•R

Record：记录。陈述取得的结果或提供与活动相关证据的文件。相关信息被记在工作表、表格和图表中。

Referral laboratory：比对实验室。外部实验室对提交的样本进行补充或确证检验的程序，或进行原始实验室没有进行的试验。

Regulation：法规。由政府机构或权威部门要求强制执行的标准。

Requirement：要求/需求。一种需要、期望和义务。它可以通过一个组织、它的顾客或其他利益相关方声明或提出。要求的种类有许多，其中包括质量要求、顾客要求、管理要求和产品要求。

Risk：风险。危害的严重程度与发生概率的组合。

Risk analysis：风险分析。系统性使用可用的信息来识别危害和估计风险。

Risk assessment：风险评估。识别潜在的故障模式、确定后果的严重性、识别已存在的控制方法、确定事件发生的可能性和发现概率，以及评估风险以明确关键控制点。

Risk management：风险管理。对威胁企业资产或收益的风险进行识别、分析和经济控制。

Root cause：根本原因。对正在解决的问题产生最大影响的因素。

Root cause analysis：根源分析。一种用于帮助识别事件发生的情况、方式和原因的工具。

•S

Safety：安全。为保护实验室人员、访问者、公众和环境而采取的措施。

Sample：样本（标本）。从某个系统中取出的一个或多个部分，被用于提供该系统的相关信息。通常为体系或生产的决策提供依据。

Semiquantitative examination：半定量试验。检测中使用的检测结果表示为对被测物质含量的估计数值。

SI units：公制单位。现代公制体系，SI来自法语名 le Systeme International d'Unités。

Six Sigma：六西格玛。测量百万分之概率缺陷的程序；代表平均值的6个标准差（Simga 是希腊字母中的 σ，用来表示统计学中的标准差）。六西格玛方法通过不断地评审和过程的调整，为过程中的能力提升和减少缺陷提供了技术和工具。

Specimen：标本。见样本（Sample）。

Standard document：标准文件。建立于共识并经公认机构批准的文件。文件可被共同和重复使用，可为指南、活动或结果的特性描述。文件目的是为了在特定背景下实现最优的效果。

Statistical tools：统计工具。用于生成、分析、解析及呈现数据的方法和技术。

Supplier：供方。提供产品或服务的组织或个人。

Survey：调查。对过程进行检查或对选出的个别样本进行问询的行为，以获得与过程、产品或服务相关的数据。

•T

Team：团队。为完成某一特定目标而组织起来一起工作的人员群体。

Test：试验，检测。依据程序确定一个或多个特征。

Traceability：可追溯性。对考虑中的某物的历史、应用和位置的追踪能力。

Task：任务。一种特定可定义的活动，执行指定的工作并通常在特定时间内完成。

Turnaround time：周转时间。样本最后结果发给申请检测医生所需的时长。

•U

Universal precautions：普遍性防护原则。一种控制感染的方法，对所有人类血液和某些人体体液视为已知感染性物品对待。

•V

Validation：确认。通过提供客观证据对特定的预期用途或应用要求已得到满足的认定。

Verification：验证。通过提供客观证据对规定要求已得到满足的认定。

Verification of conformity：符合性验证。通过检查证据得到确认。

Vision：愿景。组织对未来的展望，是组织实现整体发展方向和目的的理想状态。

•W

Waste：废物，废品。任何消耗资源且对顾客所获得的产品或服务没有增值的活动。

Work environment：工作环境。所有影响工作的因素；包括社会、文化、心理、生理和环境条件。工作环境一词包括灯光、温度、噪声因素，以及一系列人体工程学的影响；还包括监管实践，以及奖励和认可计划。这一切都会影响工作的运行。

# 缩　　写

• A

AFB　耐酸杆菌

ANSI　美国国家标准学会

ASQ　美国质量学会

• C

CDC　疾病控制和预防中心

CLSI　临床实验室标准协会，使用共识过程来制定标准

CLSI GP26-A3　实验室质量管理体系模式的应用（质量文件）

CLSI HSI　医疗卫生质量管理体系模式（质量文件）

• D

DNA　脱氧核糖核酸

• E

ELISA　酶联免疫吸附试验

EQA　室间质量评价，室间质评

• H

HIV　人类免疫缺陷病毒

• I

IEC　国际工程联合会。学术界与工业界之间合作伙伴关系，为国际信息产业提供质量继续教育、研究、出版物和项目服务

ISO　国际标准化组织

- L

LIMS 实验室信息管理系统

- M

MSDS 材料安全数据表

- N

NCCLS 临床实验室标准国家委员会（前身：临床和实验室标准学会）

- P

PDCA 计划、执行、检查、处理（质量改进工具）
PT 能力验证

- Q

QC 质量控制

- S

SD 标准差

- W

WHO 世界卫生组织

# 各章节参考材料

2个ISO标准特别针对实验室，CLSI也有2份文件对临床实验室非常重要。这4份文件为本手册18个章节全部内容的参考文献，因此，没有在各章节的列表中列出。

- ISO 15189：2007. *Medical laboratories—particular requirements for quality and competence.* Geneva, International Organization for Standardization, 2007.
- ISO/IEC 17025：2005. *General requirements for the competence of testing and calibration laboratories.* Geneva, International Organization for Standardization, 2005.
- CLSI/NCCLS. *Application of a quality management system model for laboratory services*; approved guideline—3rd ed. GP26-A3. Wayne, PA, NCCLS, 2004.
- CLSI/NCCLS. *A quality management system model for health care*; approved guideline—2nd ed. HS1-A2. Wayne, PA, NCCLS, 2004.

## 第1章 质量介绍

- Crosby PB. Quality without tears：the art of hassle-free management. New York, McGraw-Hill, 1995.
- Deming WE. Out of the crisis. Cambridge, MIT Press, 1982.
- ISO 9000：2005. Quality management systems-fundamentals and vocabulary. Geneva, International Organization for Standardization, 2005.
- ISO 9001：2000. Quality management systems-requirements. Geneva, International Organization for Standardization, 2000.
- Shewart WE. Economic control of quality of manufactured product. New York, D. Van Nostrand Company, 1931.
- Shewart WE. Statistical methods from the viewpoint of quality control, WE Deming, ed., Washington, DC, Graduate School, Department of Agriculture, 1939. Reprinted New York, Dover Publications Inc, 1986.
- Walton M. The Deming management method. New York, Perigee

Books, 1986.

· WHO. Fifty-eighth World Health Assembly. Resolutions and decisions annex. Geneva,

· World Health Organization, 2005（http：//www.who.int/gb/ebwha/ pdf_fi les/WHA58-REC1/english/A58_2005_REC1-en.pdf, accessed 11 April 2011）.

## 第2章  设施和安全

· CDC and NIH. Biosafety in microbiological and biomedical laborato-ries, 4th ed. United States Government Printing Offi ce, United States Department of Health and Human Services, Public Health Service, Centers for Disease Control and Prevention, and National Institutes of Health, 1999.

· Collins CH, Kennedy DA. Laboratory-acquired infections. In：Lab-oratory-acquired infections：history, incidence, causes and preven-tions, 4th ed. Oxford, United Kingdom, Butterworth-Heinemann, 1999：1-37.

· Harding AL, Brandt Byers K. Epidemiology of laboratory-associated infections. In：Fleming DO, Hunt DL, eds. Biological safety：prin-ciples and practices. Washington, DC, ASM Press, 2000：35-54.

· Howard Hughes Medical Institute, Offi ce of Laboratory Safety. Lab-oratory safety study 1993-1997（http：//www.hhmi.org/）.

· ISO 15190：2003. Medical laboratories-requirements for safety. Gene-va, International Organization for Standardization, 2003.

· ISO 3864-1：2002. Graphical symbols—Safety colours and safety signs—Part 1：Design principles for safety signs in workplaces and public areas. Geneva, International Organization for Standardization, 2002.

· ISO 3864-3：2006. Graphical symbols—Safety colours and safety signs—Part 3：Design principles for graphical symbols for use in safety signs. Geneva, International Organization for Standardization, 2006.

· Internationally recognized labels：

  ■ http：//www.ehs.cornell.edu/lrs/lab_dot_labels/lab_dot_labels.cfm

（accessed 11 April 2011）

■ http：//ehs.unc.edu/labels/bio.shtml（accessed 11 April 2011）

■ http：//www.safetylabel.com/safetylabelstandards/iso-ansi-symbols.php（accessed 11 April 2011）.

· PHAC. Chapter 9：Biological safety cabinets. In：The laboratory biosafety guidelines，3rd ed. Ottawa，Public Health Agency of Canada,2004（http：//www.phac-aspc.gc.ca/publicat/lbgldmbl-04/ch9-eng.php，accessed 11 April 2011）.

· Reitman M，Wedum AG. Microbiological safety. Public Health Report，1956，71（7）：659-665.

· Rutala WA，Weber DJ. Disinfection and sterilization in health care facilities：what clinicians need to know. Clinical Infectious Diseases，2004，39：702-709（http：//www.hpci.ch/files/documents/guidelines/hh_gl_disinf-sterili-cid.pdf，accessed 11 April 2011）.

· Sewell DL. Laboratory-associated infections and biosafety. Clinical Microbiology Reviews，1995，8：389-405.

· WHO. Laboratory safety manual，3rd ed. Geneva，World Health Organization，2003.

· WHO. Guidance on regulation for the transport of infectious substances 2007-2008. Geneva，World Health Organization，2007.

## 第3章 设　备

· WHO. Guidelines for health care equipment donations. Geneva，World Health Organization，2000（http：//www.who.int/hac/techguidance/pht/en/1_equipment%20donationbuletin82WHO. pdf，accessed 11 April 2011）.

· King B. NIOSH Health Hazard Evaluation Report No. 2004-0081-3002. New York University School of Medicine，New York，2006：11（http：//www.cdc.gov/niosh/hhe/reports/pdfs/2004-0081-3002.pdf，accessed 11 April 2011）.

· Richmond JY，McKinney RW，eds. Primary containment for biohazards：selection，installation and use of biological safety cabinets，2nd ed. United States Government Printing Offi ce，United States Department of Health and Human Services Public Health Service，

Centers for Disease Control and Prevention, and National Institutes of Health, 2000.

### 第4章　采购和库存

· WHO. Guidelines for health care equipment donations. Geneva, World Health Organization, 2000（http: //www.who.int/hac/tech-guidance/pht/en/1_equipment%20donationbuletin82WHO. pdf, accessed 11 April 2011）.

### 第5章　过程控制：样本管理

· ICAO. Technical instructions for the safe transport of dangerous goods by air, 2007-2008 ed.（Doc 9284）. Montreal, Canada, International Civil Aviation Organization, 2006.
· ISO 15394: 2000. Packaging—bar code and two-dimensional symbols for shipping, transport and receiving labels. Geneva, International Organization for Standardization, 2000.
· ISO 21067: 2007. Packaging—vocabulary. Geneva, International Organization for Standardization, 2007.
· UN. Recommendations on the transport of dangerous goods: model regulations, 15th revised ed. New York, Geneva, United Nations, 2007. These recommendations include:
· UN 2900 Infectious substances affecting humans—infectious substances included in Category A in any form unless otherwise indicated;
· UN 2900 Infectious substances affecting animals only—" Exempt" human or animal samples;
    ■ Shipper's Declaration for Dangerous Goods Form;
    ■ Flowchart for Classification of Infectious Agents for Transport;
    ■ Packaging and Labeling of Category A Infectious Substances;
    ■ Packaging and Labeling of Category B Infectious Substances;
    ■ Packaging and Labeling of Exempt Substances;
    ■ Thermal Control Shipping Unit;
    ■ Dry Ice Shipping Label.
· Wagar EA et al. Patient safety in the clinical laboratory: a longitudinal analysis of specimen identification errors. Archives of Pathology and

Laboratory Medicine, 2006, 130 (11): 1662-1668 (http://arpa. allenpress.com/pdfserv/10.1043%2F15432165 (2006) 130%5B1662: PSITCL%5D2.0.CO%3B2).

· WHO. Guidance on regulation for the transport of infectious substances 2007-2008. Geneva, World Health Organization, 2007.

### 第6章 过程控制: 质量控制简介

· ISO 9000: 2005. Quality management systems-fundamentals and vocabulary. Geneva, International Organization for Standardization, 2005.

· WHO. External quality assessment of health laboratories: report on a WHO Working Group. Geneva, World Health Organization, 1981.

### 第7章 过程控制: 定量试验的质量控制

· CLSI. C24-A3—Statistical quality control for quantitative measurement procedures: principles and definitions, approved guideline—3rd ed. Wayne, PA, Clinical and Laboratory Standards Institute, 2006.

### 第8章 过程控制: 定性试验和半定量试验的质量控制

· CLSl. User protocol for evaluation of qualitative test performance, approved guideline—2nd ed. EP12-A2 (electronic document). Wayne, PA, Clinical and Laboratory Standards Institute, 2008.

· CLSI. Abbreviated identification of bacteria and yeast, approved guideline—2nd ed. M35-A2. Wayne, PA, Clinical and Laboratory Standards Institute, 2008.

· CLSI. Performance standards for antimicrobial disk susceptibility tests, approved standards—18th informational supplement. M100-S18. Wayne, PA, Clinical and Laboratory Standards Institute, 2008.

· Jorgensen JH, Turnidge JD. Susceptibility test methods: dilution and disk diffusion methods. In: Murray PR et al. (eds). Manual of Clinical Microbiology, 9th ed. Washington, DC, ASM Press, 2007: 1152-1172.

· Turnidge JD, Ferraro MJ, Jorgensen JH. Susceptibility test methods: general considerations. In: Murray PR et al. (eds). Manual of Clinical Microbiology, 9th ed. Washington, DC, ASM Press, 2007: 1146-1151. Westgard Multirule System. (http://www.westgard.com, accessed 11 April 2011).

## 第9章 评估: 审核

· Cochran C. The five keys to a successful internal audit program. The Auditor 2: 1. Chico, CA, Paton Press, 2007 (http://www.dn-vcert.com/DNV/Certification1/Resources1/Articles/NewsletterInfo/FiveKeystoaSuccessfulI/).

· ISO 9000: 2005. Quality management systems-fundamentals and vocabulary. Geneva, International Organization for Standardization, 2005.

· ISO 19011: 2002. Guidelines for quality and/or environmental systems auditing. Geneva, International Organization for Standardization, 2002.

· Kusum M, Silva P. Quality standards in health laboratories implementation in Thailand: a novel approach. World Health Organization Regional Office for South-East Asia, 2005 (http://www.searo.who.int/LinkFiles/Publications_SEA-HLM-386__a4___2_.pdf, accessed 11 April 2011).

## 第10章 评估: 室间质量评价

· WHO. Accreditation of health laboratories in the countries of the SEA region: report of a regional consultation, Bangkok, Thailand, 6-10 October, 2003. WHO Project: ICP BCT 001, World Health Organization Regional Office for South-East Asia, 2004.

· CDC/WHO. HIV rapid test training package. Atlanta, Centers for Disease Control and Prevention/Geneva, World Health Organization, 2005 (http://www.cdc.gov/dls/ila/hivtraining, accessed 11 April 2011).

· Chaitram JM et al. The World Health Organization's external quality assurance system proficiency testing program has improved the accuracy of antimicrobial susceptibility testing and reporting among participating laboratories using NCCLS methods. Journal of Clinical Microbiology, 2003, 41: 2372-2377.

· CLSI. Using proficiency testing to improve the clinical laboratory, approved guideline—2nd ed. GP27-A2. Wayne, PA, Clinical and Laboratory Standards Institute, 2007.

· CLSI. Assessment of laboratory tests when proficiency testing is not available, approved guideline—2nd ed, GP29-A2. Wayne, PA, Clinical and Laboratory Standards Institute, 2008.

· ISO 15189: 2007 (5.6.4). Medical laboratories—requirements for quality and competence. Geneva, International Organization for Standardization, 2007.

· APHL. External quality assessment for AFB smear microscopy. Silver Spring, MD, Association of Public Health Laboratories, 2002 (http://wwwn.cdc.gov/mlp/pdf/GAP/Ridderhof.pdf, accessed 11 April 2011).

· WHO. Policy and procedures of the WHO/NICD microbiology external quality assessment programme in Africa, years 1 to 4, 2002-2006. Geneva, World Health Organization, 2007 (http://www.who.int/csr/ihr/lyon/Policy_procedures_eqa_en.pdf, accessed 11 April 2011).

· WHO, CDC. Guidelines for assuring the accuracy and reliability of HIV rapid testing: applying a quality system approach. Geneva, World Health Organization/Atlanta, Centers for Disease Control and Prevention, 2005 (http://www.phppo.cdc.gov/dls/ila/default.aspx and http://www.who.int/hiv/topics/vct/toolkit/components/supply/en/index8.html).

### 第11章 评估：规范和认可

· Dawson D, Kim SJ and the Stop Tuberculosis (TB) Unit at the Western Pacific Regional Office (WPRO). Quality assurance of sputum microscopy in DOTS programmes. World Health Organization Regional Office for the Western Pacific, 2003. Deutscher Akkreditierungs Rat (DAR). Acronyms, links, and e-mail addresses (http:

//www.dar.bam.de/indexe.html）.

· ISO/IEC 17011：2004. Conformity assessment—general requirements for accreditation bodies accrediting conformity assessment bodies. Geneva，International Organization for Standardization，2004.

· Kusum M，Silva P. Quality standards in health laboratories，implementation in Thailand：a novel approach. World Health Organization Regional Office for South-East Asia，2005，SEAHLM-386（http：//www.searo.who.int/LinkFiles/Publications_SEA-HLM-386__a4__2_.pdf，accessed 11 April 2011）.

· Kumari S，Bhatia R. Guidelines for peripheral and intermediate laboratories in quality assurance in bacteriology and immunology. World Health Organization Regional Office for South-East Asia，Series No. 28，2003.

· Silva P. Guidelines on establishment of accreditation of health laboratories. World Health Organization Regional Office for South-East Asia，2007.

· WHO. Accreditation of health laboratories in the countries of the SEA region：report of a regional consultation，Bangkok，Thailand，6-10 October 2003. WHO Project ICP BCT 001. World Health Organization Regional Office for South-East Asia，2004，SEA-HLM-379.

· WHO. Handbook：Good laboratory practice—quality practices for regulated nonclinical research and development. UNDP/World Bank/WHO Special Programme for Research and Training in Tropical Diseases. Geneva，World Health Organization，2001（http：//www.who.int/tdr/svc/publications/training-guidelinepublications/good-laboratory-practice-handbook）.

· WHO. National Polio Laboratory check list for annual WHO accreditation. Geneva，World Health Organization，2003（http：//www.searo.who.int/LinkFiles/Laboratory_Network_NPLchecklist.pdf）.

## 第12章 人　员

· ISO 10015：1999. Quality management—guidelines for training. Geneva，International Organization for Standardization，1999.

· Bello M. Employee handbook. eScholarship Repository，University of

California, 2008（http：//repositories.cdlib.org/lbnl/LBNL-937E）.

## 第13章 顾客服务

· ISO 10001：2007. Quality management—customer satisfaction：guidelines for codes of conduct for organizations. Geneva, International Organization for Standardization, 2007.

## 第14章 事件管理

· Bonini P et al. Errors in laboratory medicine. Clinical Chemistry, 2002, 48：691-698（http：//www.clinchem.org/cgi/content/full/48/5/691）.

· ISO/TS 22367：2008. Medical laboratories—reduction of error through risk management and continual improvement. Geneva, International Organization for Standardization, 2008.

· Khoury M et al. Error rates in Australian chemical pathology laboratories. Medical Journal of Australia, 1996, 165：128-130（http：//www.mja.com.au/public/issues/aug5/khoury/khoury.html）.

## 第15章 过程改进

· Brown MG. Baldridge award winning quality, 15th ed.：How to interpret the Baldridge criteria for performance excellence. Milwaukee, ASQ Quality Press, 2006.

· Brown MG. Using the right metrics to drive world-class performance. New York, American Management Association, 1996.

· Crosby PB. Quality management：the real thing；on perfection（essays）, 1962（http：//www.wppl.org/wphistory/PhilipCrosby/OnPerfection.pdf and www.wppl.org/wphistory/PhilipCrosby/QualityManagementTheRealThing.pdf）.

· Crosby PB. The myths of zero defects（essay）, 1979（http：//www.wppl.org/wphistory/PhilipCrosby/TheMythsOfZeroDefects.pdf）.

· Crosby PB. Quality is free：the art of making quality certain. New York, McGraw-Hill, 1979.

· Deming WE. Out of the crisis. Cambridge, MIT Press, 1982.

· Hilborne L. Developing a core set of laboratory based quality indicators. Presented at: Institute for Quality in Laboratory Medicine Conference, 29 April 2005, Atlanta, GA, UnitedStates of America（http://cdc.confex.com/cdc/qlm2005/techprogram/paper_9086.htm）.

· ISO 9001: 2000. Quality management systems-requirements. Geneva, International Organization for Standardization, 2000.

· Jacobson JM et al. Lean and Six Sigma: not for amateurs. Laboratory Medicine, 2006, 37: 78-83.

· Pande P, Holpp L. What is Six Sigma? Milwaukee, ASQ Quality Press, 2001.

· Spanyi A. Six Sigma for the rest of us. Quality Digest, 2003, 23（7）: 22-26.

## 第16章 文件和记录

· Microbiology Laboratory Manual Online. Department of Microbiology, Mount Sinai Hospital Joseph and Wolf Lebovic Health Complex, Toronto, Ontario, Canada（http://www.mountsinai.on.ca/education/staff-professionals/microbiology）.

## 第17章 信息管理

· APHL. Guidebook for implementation of laboratory information systems in resource poor settings. Association for Public Health Laboratories, 2006（http://www.aphl.org/aphlprograms/global/initiatives/Pages/lis.aspx）.

· Bentley D. Analysis of a laboratory information management system（LIMS）. University of Missouri, St Louis, MO, 1999（http://www.umsl.edu/~sauterv/analysis/LIMS_example.html#BM1_）.

## 第18章 组 织

· ISO 9001: 2000. Quality management systems-requirements. Geneva, International Organization for Standardization, 2000.